"十二五"国家重点图书出版规划项目
现代土木工程精品系列图书

埋地输油管道泄漏污染物热质迁移实验技术

李　栋　张云斌　王树伟　吴国忠　齐晗兵　著

U0223277

哈尔滨工业大学出版社

内 容 简 介

本书是埋地管道传热研究室在总结近年的科研成果基础上撰写而成的,既分析了输油管道泄漏污染物热质迁移实验技术的研究现状,又介绍了埋地管道传热研究室多年来在输油管道泄漏污染物热质迁移实验方面的研究成果,总结了具有一定应用价值的实验方法和测试经验。全书共 7 章,包括绪论、泄漏污染物迁移过程表征参数测量技术、实验材料的物性测量、多孔介质模型阻力系数测量技术、埋地管道泄漏污染物热质迁移二维可视化实验技术、常温环境下埋地输油管道泄漏传热测量实验技术、冻土条件下埋地管道泄漏污染物热质迁移三维实验技术。全书配有大量的图表,便于读者理解。

本书凝炼了埋地管道传热研究室所有成员的研究成果,可为今后从事埋地输油管道泄漏实验研究的科技人员提供必要的技术支持。

图书在版编目(CIP)数据

埋地输油管道泄漏污染物热质迁移实验技术/李栋等著.
—哈尔滨:哈尔滨工业大学出版社,2017.3
ISBN 978 - 7 - 5603 - 6211 - 3

Ⅰ.①埋…　Ⅱ.①李…　　Ⅲ.①埋地管道-输油管道-管道泄漏-传热传质学-研究　Ⅳ.①TE973.6

中国版本图书馆 CIP 数据核字(2016)第 231930 号

策划编辑　王桂芝
责任编辑　张　瑞
出版发行　哈尔滨工业大学出版社
社　　址　哈尔滨市南岗区复华四道街 10 号　邮编 150006
传　　真　0451—86414749
网　　址　http://hitpress.hit.edu.cn
印　　刷　哈尔滨市工大节能印刷厂
开　　本　787mm×1092mm　1/16　印张 9.25　字数 211 千字
版　　次　2017 年 3 月第 1 版　2017 年 3 月第 1 次印刷
书　　号　ISBN 978 - 7 - 5603 - 6211 - 3
定　　价　48.00 元

前　言

随着我国经济的飞速发展,能源需求日益增大,特别是对石油、天然气等一次能源的需求更是前所未有。一方面我国开发新的油气田和挖掘老油气田的产能,扩大国内的自身供应量,并实施"西气东输、西油东送、北油南下"等战略,解决国内油气供应不平衡的现状,另一方面大量从国外进口石油和天然气,现已建成中哈、中俄输油管网以解决国内生产总量和生产能力不足的问题。管道运输也已经成为继铁路运输、公路运输、航空运输、水路运输之后的第五大运输方式,是能源输送的大动脉。我国油气管网的大规模铺设始于 20 世纪 70 年代,40 多年来随着全国各地油气资源被不断地发现,油气管网建设发展迅速,截至 2015 年底,我国油气管道总长度已超过 15 万 km。

随着油气管道运行时间的增加,由于管道缺陷、管道腐蚀、管道磨损以及人为在管道上开孔盗油等因素导致泄漏事故时有发生。油气管道泄漏严重干扰了能源的正常输送,造成了环境污染,也给国家造成了巨大的经济损失。而且由于石油的致突变、致畸、致癌效应,其对土壤和生物造成的生态破坏是难以修复的。埋地输油管道破裂后,泄漏的石油污染物流入土壤中,而其流动传热规律是埋地输油管道泄漏检测和石油污染物后期修复的基础,该过程属于多孔介质传热传质问题。本书作者多年来对油气管道泄漏污染物在土壤中扩散的热质耦合传递特性进行了大量的实验研究,设计了埋地输油管道泄漏扩散过程的二维和三维实验装置,测定了实验用多孔介质的孔隙率和污染物的黏度,并实现了冻土环境、变流量、变温度的泄漏模拟实验。在撰写过程中,为了便于读者理解,本书附有大量的图表和实验数据,以达到内容充实、新颖、实用。

本书凝聚了埋地管道传热研究室所有人员近 10 年的心血,部分成果得到了中国石油科技创新基金研究项目"油气管道泄漏介质光谱特性及其对激光检漏影响研究"(编号:2015D-5006-0605)、中国国家自然科学基金面上项目"地下输油管道泄漏过程中多相流动及热质耦合传递特性研究"(编号:51306031)、中国博士后科学基金面上资助项目"油气管道泄漏污染物光谱特征及其地面红外传输机理研究"(编号:2014M560246)等多项科研项目资助。同时,本书部分章节内容得到了毕业于埋地管道传热研究室的研究生王宇、郭恩玥和刘洋等人的帮助,在此一并表示感谢。

本书作者李栋副教授,张云斌副教授,王树伟副教授,吴国忠教授,齐晗兵教授等均具有多年的教学科研经验,并一直从事油气集输系统传热传质的相关科研研究,在理论和实验研究方面具有扎实的基础和丰富的经验。本书各章的撰写分工如下:李栋副教授撰写第 1、5 章,张云斌副教授撰写第 2 章,王树伟副教授撰写第 3、4、6 章。全书由吴国忠教授统稿,齐晗兵教授审稿。在本书撰写的过程中,参考了很多专家、学者的著作和研究成果,在此一并表示衷心的感谢。

本书得到了黑龙江省级领军人才梯队(热能工程学科)资助资金,在此表示谢意。

限于作者水平,难免有不足之处,敬请读者和同行批评指正。

作　者

2016 年 5 月

目 录

第1章 绪　　论

1.1　油气管道泄漏的危害及检测方法概述

1.1.1　油气管道泄漏的危害

油气管网是能源输送的大动脉,截至 2012 年上半年,我国油气管道总长度达 9.3 万 km(2004 年不到 3 万 km[1,2]),形成了由西气东输一线和二线、陕京线、川气东送为骨架的横跨东西、纵贯南北、连通海外的全国性供气网络,中哈、中俄、西部、石兰等原油管道构筑起区域性输油管网,以兰成渝、兰郑长等为代表的成品油管道,形成了"西油东送、北油南下"的格局。2015 年底,西北、东北、西南及海上四大油气进口战略通道格局初现,油气管道总长度达 15 万 km。

以我国原油管道为例,在国内完成输送管道 3 万多 km,得到了广泛的应用,成为石油工业的动脉。例如,东北输油管网始建于 20 世纪 70 年代初,管道始于大庆油田的林源首站,止于抚顺、秦皇岛站和大连港,管线总长约 2 400 km,主要承担大庆油田原油和部分吉林油田原油的外输任务,同时还承担输送俄罗斯原油的任务。除了向沿线各大炼油厂供油外,还通过大连新港、秦皇岛港向我国南方沿海各炼油厂供油。东北输油管网是我国东北地区的经济命脉,对稳定和调节东北地区石油企业的生产与销售起着非常重要的作用。

随着国家能源政策的完善,大量的进口原油需要经过管道输送,管道总长度日益增加,管道的安全运行直接影响着我国能源的保障。管道打眼、井口放油一直是不法分子盗窃国家原油、损坏油井设备的一个重要手段,如何有效地保护油区的油井免遭破坏、油气不受损失,成为油田安全生产的一项重要内容。近几年来,我国输油管道频繁发生重大盗油破坏案件,管道打孔盗油、盗气案件呈逐年上升趋势。仅大庆油田 2000～2004 年,管线遭打孔盗油、盗气 898 起,经济损失达到 5.12 亿元,已经严重影响大庆油田的正常生产秩序,给国家财产造成了巨大的损失。同时,油气管道受当地环境、土壤及地下水位的影响,管道腐蚀严重,易发生泄漏,在生产运行中存在着安全隐患。2013 年 11 月 22 日凌晨 3 时许,位于青岛市黄岛区的中石化黄潍输油管线一输油管道发生泄漏事故,油气管道泄漏现场如图 1.1 所示。油气管道泄漏影响正常输送,造成环境污染和重大安全事故,导致能源和环境的不和谐发展。

图 1.1　油气管道泄漏现场

1.1.2　油气管道泄漏的检测方法

目前多数输油管网使用年限较长,由于腐蚀、意外损坏等原因,管线有可能发生泄漏事故。由于输油管道所输介质的危险性和污染性,一旦发生事故会造成巨大的生命财产损失和对环境的污染。而一般长输管线长度都在 200 km 以上,发生泄漏事故之后难以及时发现或者查出泄漏地点,致使损失扩大,并增加了酿成危险性事故的隐患。因此,及时发现管道泄漏并准确判定泄漏点成为保证能源正常输送与环境和谐发展的关键因素[3~8]。初期投产的管线材料缺陷造成的事故比例较高,腐蚀事故率随管线年龄的增长而不断提高。

管道泄漏的诊断长期以来已经成为管道输送过程中安全检测的难点。目前管道泄漏检测的方法众多,主要分为直接检测法和间接检测法,直接检测法是根据泄漏的介质进行检测,具体方法有人工巡视、探测器探测[9~11]、管外铺设特殊电缆[12~16]等;间接检测法是根据泄漏时所产生的附加表象进行检测,主要有负压波法[17~22]、流量平衡法[23~28]、压力梯度法[29~33]和声波法[34~37]等。直接检测法中的人工巡视依赖于人的敏感性和责任心,只能发现较大的泄漏;探测器的优点是检测较准确,但缺点是探测只能间断进行,且只适合地面上的管道;铺设电缆灵敏度很高,并能检测微小泄漏,但线缆费用高,不适用现有管线。间接检测法中流量平衡法根据管线出入口的流量来判断泄漏,可靠性较高,但是不能定位;压力梯度法根据管线出入口处的压力梯度来判断是否发生泄漏,再根据泄漏后变化的压力梯度在泄漏点处有相同的边界条件找到泄漏位置,这种方法由于管线压力梯度是非线性的,因此定位精度较差,可作为一种辅助方法;声波法利用声音传感器检测沿管线传播的泄漏点噪声进行泄漏检测和定位,但是受检测对象和应用环境影响,对于长距离的管道检测,必须安装多个声音传感器,同时,为了能准确判断出哪两个传感器之间发生泄漏,必须将声音传感器传来的信号用相应的处理装置处理后送给主机判断,所以该方法检测精度比较高,但是投资比较大。

目前的泄漏检测法与定位技术难以很好解决实际现场的检测灵敏度与误报警之间的矛盾及定位精度较低等问题,特别是小流量泄漏、管道多点泄漏问题。随着控制理论、人工智能技术、传感器技术、通信技术、网络技术等的发展,管道的泄漏检测和定位技术也随之相应发展,特别是近年来随着计算机技术的迅速发展以及 SCADA 管理系统在管道上的应用,泄漏检测和定位技术从早期的以硬件为主的方法发展到以软件为主、软件与硬件相结合的方法,充分利用基于软件实现在线实时检测、及时给出报警信号和基于硬件较高的定位精度和较低的误报率的特点,将二者进行优势互补,以克服单一检测方法的局限性,提高管道管理的自动化水平,这是目前,而且是未来的总发展方向。为提高管道集成 SCADA 管理系统的综合水平,还应在以下几方面展开研究:

(1)硬件上应加强传感器技术发展,如超声波传感器、光纤传感器等,特别是光纤传感器,不但可实现物理量的检测,还可实现信号的传输,在解决信号衰减及抗干扰方面有独特的优势,因此,它能更好地将基于硬件和软件的方法有机地结合起来。

(2)多种基于软件方法的融合,可提高泄漏检测与定位系统的自适应性、鲁棒性,解决好检测灵敏度与误报率之间的矛盾,并对检测系统进行稳定性、灵敏度、鲁棒性等分析,是衡量一个泄漏检测与定位系统好坏的标准。这样融合的目的是为了提高泄漏检测的灵敏度和定位精度,并克服灵敏度和误报警之间的矛盾,如神经网络、模式识别与水力热力模型性结合等[38~43]。

(3)基于负压波的泄漏检测与定位方法,由于在时间域分析受到反射波信号的叠加干扰,若在频率域处理,将克服时域的缺陷,可提高泄漏检测与定位的技术指标[44~48]。

(4)进行管道多点泄漏、管网泄漏检测与定位的研究。目前的管道泄漏检测和定位技术的研究多是在单根管道上的单点泄漏进行的,而对于管道多点泄漏、管网泄漏的研究目前还较少。该方面的研究对解决管道实际运行问题具有更直接的现实意义[49~51]。

(5)研究非接触测量方法在管道泄漏检测中的新应用,例如红外成像技术、红外光谱吸收技术、超声波技术和遥感技术等[52~56]。

管道泄漏时,泄漏出的介质与周围环境一般存在温度差。采用红外检漏法进行地下管道泄漏检测,通过感知地面温度变化,从而判断泄漏的发生,以此来实现对泄漏的检测和定位。但红外检漏过程影响因素较多,尚有一些基础理论和技术应用问题亟待解决,原油泄漏在土壤多孔介质内的流动与传热和地面温度场的检测及红外温度场反演问题便是其中之一。开展此项研究对提高管道泄漏红外检测精度、降低管道泄漏检测成本具有重要意义。

1.2 输油管道泄漏污染物热质迁移实验研究现状

1.2.1 国外研究现状

多孔介质中污染物流动问题的研究由于其过程影响因素多,涉及反应复杂,一直困扰着国内外学者。尤其是非水相流体(NAPL，Non-Aqueous Phase Liquids)在多孔介质中的流动，由于非水相流体的特殊性质，寻找其扩散污染规律更加困难。在多孔介质内非水相流体流动研究中，多孔介质多采用土壤或者砂介质。非水相流体是一种难溶于水的混合物，通常指油类物质，根据其与水的密度不同，还可分为轻质非水相流体(LNAPL，Light Non-Aqueous Phase Liquids)和重质非水相流体(DNAPL，Dense Non-Aqueous Phase Liquids)，其中 LNAPL 通常指汽油、植物油、柴油、煤油等，DNAPL 通常指三氯乙烯和四氯乙烯等。

国外对多孔介质中非水相流体的流动问题研究较早，主要采用实验研究和理论研究，在多孔介质的建模和实验研究上进行了大量的工作。Cary 等[57]人通过土柱实验，利用黏度不同的油品，在非饱和多孔介质中渗透迁移，实验结果与土壤的水分特征曲线进行对比，认为结合油品的物理性质，能对多孔介质中 NAPL 的渗透影响区域进行预测。Hofstee 等[58]人研究了 DNAPL 在层状土壤中的迁移规律，发现 DNAPL 主要富集在细砂区域，并且极少驱替土壤中的水分，水分可当作土壤中的固相，且 DNAPL 在干燥土壤中的表现与水相似，可用水在干燥土壤中形成指流的研究成果解释 DNAPL 在土壤中形成指流的原因，少部分水的流失主要是因为 DNAPL 溶于水后导致界面张力的减小。Eckberg[59]采用土柱实验的方法，模拟潜水层环境进行石油泄漏实验，对其中的油气水三相混流入渗进行了污染范围的实验。Oostrom 等[60]人对 LNAPL 在多孔介质(土壤)中的迁移进行研究，用二维砂箱观测两种相似 LNAPL 在变化地下水位环境中的迁移情况，研究发现，两种 LNAPL 迁移路径相似，且用 2 h 使含水率 22% 的含水层下降 0.04 m；观测完结果后再使地下水位在 50 min 内上升 0.05 m，之后观测到水层上 LNAPL 45 d 仅上升 0.02 m。Pantazidou 和 Sitar[61]采用二维砂槽实验方法，对非水相流体在分层砂介质中的迁移流动进行了分析评价，最终得出一维干燥多孔介质中非水相流体垂向迁移的距离方程。Geel[62]在可注水调节含水饱和度的二维实验砂箱进行非水相流体迁移实验，对迁移过程中砂介质中的含水和压力变化进行监测，得出了两者在迁移过程中的变化趋势。Wipfler[63]等人为观察 LNAPL 在层状多孔介质中的重分布，在实验室中用可视化二维实验槽观测 LNAPL 分布的曲线，得出毛细压力是影响 LNAPL 在不同岩性介质中重分布的主要敏感因子。Ishakoglu 等[64]人利用伽马射线衰减技术对多孔介质中的孔隙度和液体含水率进行检测，对多孔介质对流体的吸附和重力沉降过程进行了实验研究。Parker 等[65]人通过对界面张力比的应用和实验得到在非饱和介质中油品扩散的毛细压力—饱和度关系式。Kechavarzi 等[66]人利用多谱段影像分析技术，提供了一种在二维多孔介质渗流实验中不破坏土壤和流体的测量工具。Lenhard 等[67]人利用伽马射线测量多孔介质中液体饱和度，用陶土头压力传感器测量多孔介质中液体的压力，进行了多孔介质中三相流渗透实验。Abdul 等[68]人进行了非水相流体渗透的土柱实验，得出非水相流体会在非饱和多孔介质中自由扩散，而在饱和度较大的多孔介质区域扩散实质上是对区域中水的驱替，并根据垂向压力分布情况分析非水相流体的迁移特征和分布规律。Schroth 等[69]人通过在砂介质中加入一层粗砂阻隔带，研究 LNAPL 在非均质分层多孔介质中的迁移，实验结果表明，细砂的含水率在分层界面对 LNAPL 在多孔介质中的迁移具有一定影响。Dror 等[70]人对自然环境的土壤状态进行室内模拟，研究了淋滤作用对石油污染物在多孔介质中的迁移影响,实验结果表明,石油类污染物的挥发也是污染地下水的一个主要因素。Chiou 等[71]人提出了非水相流体迁移吸附的分配理论,主要指非水相流体与多孔介质骨架的吸附过程是有机质与颗粒的结合过程,亦是骨架颗粒对非水相流体的溶解过程。Chevalier 等[72]人对石英砂中非水相流体的残留含量进行了实验研究。Bear[73]得出了砂介质中非水相流体在一定条件下的残留饱和度。Hoag[74]等人研究发现,在砂介质中,非水相流体在两相体系中较三相体系中残留饱和度高。

在多孔介质渗流过程中,对各种流体的迁移过程的监测也具有很大困难,国外学者为研究多孔介质中非水相流体的迁移规律,探究多孔介质中含水率、不均匀性对迁移的影响,为获取数据主要采用了包括 X-光线衰减技术(X-ray attenuation technique)、光透射(light transmission method)和多谱段图像分析(multispectral image analysis method) 3 种方法,都有保证土样在部分不变的前提下进行监测的能力,但 X-射线对人体有很大的伤害,光透射方法只能研究二维多孔介质渗流实验,多谱段图像分析是光透射方法的进一步发展,可以对多孔介质中非水相流体、水和空气进行监测,但同样也只能应用在二维实验中。

1.2.2　国内研究现状

目前国内研究主要分为数值模拟和实验研究两个方向,鉴于埋地管道的特殊性,采用数值模拟的方法研究埋地管道传热和管道泄漏后污染物的扩散情况较多。吴国忠[75]对多点泄漏的埋地输油管道进行了数值模拟,得到了污染物泄漏后的地表温度场。李朝阳[76]对埋地输油管道污染物的扩散进行了数值模拟,其结果表明泄漏口在管道上部时污染物在多孔介质中的迁移范围较侧面和下方时更广。朱红钧[77]利用数值模拟软件对输油管道泄漏点处的局部区域进行了数值模拟,结果表明在管道泄漏时泄漏口处的压力和动能最大,污染物扩散速度先降低后增大。马贵阳[78,79]对冻土区的埋地管道周围温度场进行了模拟,考虑了土壤中水热耦合作用,模拟结果表明,水分迁移和相变对土壤的传热有一定的影响,并针对冬季管道原油泄漏进行了数值模拟,结果表明在一定时间内管道周围的环境温度受到泄漏原油的影响,使得原油降温较快。熊兆洪[80]对埋地管道小泄漏模型进行了数值模拟求解,结合实验研究得到了地表土壤的非达西射流经验公式和土壤变形压力修正公式。付泽第[81]采用 VOF 多相流模型,利用计算流体力学的方法对土壤中泄漏污染物扩散过程进行模拟,研究了泄漏口大小和位置对于污染物扩散的影响。郑平[82]建立了带伴热管的埋地管道数学模型,并用数值模拟的方法对非稳态温度场和热流密度进行计算,得到了其温度场的分布。郭孝峰[83]针对含内热源的埋地管道进行了数值模拟,搭建了实验台进行模拟结果验证,模拟结果与实验吻合较好。杜明俊[84,85]基于中俄原油管道,建立了冻土条件下的水热耦合数学模型,用 FLUENT 软件对埋地管道周围的土壤温度进行数值模拟,结果表明采用保温层有利于降低冻土融化速率。付泽第[86]对穿越河流的埋地管道进行了模拟,结果表明泄漏污染物的速度和孔径会影响污染扩散的范围和污染物在水中的体积分数。张海玲[87]采用 FLUENT 软件模拟埋地管道泄漏的温度场变化情况,给出了埋地管道泄漏后二维和三维的温度场模型。韩光洁[88]利用 CFD 软件数值模拟对埋地管道和非埋地管道的泄漏量进行比较,得出埋地管道泄漏量与非埋地管道泄漏量相比较少的结论。

数值模拟方面难以说明埋地管道在实际泄漏过程中的迁移状况,针对此种情形也有部分学者进行了埋地管道及其泄漏污染物热力迁移的实验研究。这一方面主要是针对多孔介质温度场的实验研究较多,如吴国忠[89]搭建了一套室内模拟环境装置,实验得出了热油管线沙土周围温度场分布。王龙[90]借助大型埋地实验环道,开展埋地热油管道传热规律的实验研究,对埋地管道停输再启动过程的温度场进行了对比研究。陈超[91]根据相似理论设计了管道实验,研究埋地管道周围环境温度分布状况,其实验设备可以仿真输油管道不同输送条件下周围的温度分布。还有部分学者对埋地输油管道泄漏进行了实验研究,如袁朝庆[92]建立了泄漏前后的三维大地温度场模型,利用仿真实验对点泄漏形成的温度场进行研究,实验结果表明埋地管道泄漏污染物对大地温度场的变化影响非常明显,在温度高的部分渗透系数偏大。王久龙[93]搭建了埋地管道泄漏传热实验台,采用红外成像装置拍摄了管道泄漏的地表温度场,为埋地管道泄漏位置的检测提供了实验依据。庞鑫峰[94]结合数值模拟和现场模型,进行了埋地管道泄漏三维温度场的实验,简化了实验模型。

此外,薛强等[95]人对土壤表面滴溅的原油污染物进行研究,认为当污染物进入包气带后,包气带对污染物的继续迁移具有延缓的作用。杨宾等[96]人采用 LNAPL 和DNAPL 两种液体进行非饱和不同孔隙率多孔介质的入渗实验研究,以 4.85 mL/min 速度注入,整个实验环境为 20 ℃,指出 NAPL 的迁移速率以及污染面积的增长率与介质粒径的大小呈正相关关系,且在相同时间内,DNAPL 比 LNAPL 迁移更深,污染面积更大。陈家军等[97]人用一维实验验证了油水两相混合物相对渗透率与饱和度的关系,采用进出水量差值测量水饱和度,得出油相渗透系数、水相渗透系数与水相饱和度之间的关系,并用 VAN 和 VGA 模型进行拟合。赵东风等[98]人通过实验对土壤中油类污染物的吸附和截留做了研究。纪学雁[99]、刘晓艳[100]、岳战林[101]等人对土壤中原油的迁移进行了研究,发现油品主要在土壤表面以下 0～30 cm 富集。武晓峰[102]采用二维分析方法,在玻璃槽中进行了饱和多孔介质和非饱和多孔介质的 LNAPL 渗透实验,对非水相流体进行了染色,得出了一定多孔介质中 LNAPL 的迁移规律。李永涛等[103]人以中砂和 0 号柴油为研究对象,通过室内实验建立物理模型,研究非饱和带中轻质非水相液体(LNAPLs)的迁移和分布特性,结果表明,受重力驱动,柴油在渗漏初期及到达毛细区上边缘以前,其运动以垂向迁移为主,受孔隙度和介质渗透性能控制,横向发育程度很小,以砂槽顶部发育程度最小,整个非饱和带最大发育宽度约为 40 cm;锋面到达毛细区上边缘以后,污染锋面垂向发育程度减缓,柴油基本都在毛细区内横向扩展,且横向扩展始终沿毛细区上边缘发展。水相及油相负压变化主要来自油—水之间的驱替,各陶土头对应点的毛细压力反应强烈。李兴柏[104]等人通过对冻土中石油污染物的迁移研究,提出温度梯度会对石油污染物的迁移产生影响,冻土层会在迁移中形成阻隔带,在冻土层上的石油污染物会停留较长的时间。潘峰等[105]人发现石油类污染物的迁移深度会受到污染强度、淋滤量、土层深度等因素的影响。马艳飞[106]以砂作为多孔介质,实验研究多孔介质孔隙大小对石油残留和挥发的影响,发现残留量随孔隙度的增大成幂指数减小,多孔介质的颗粒粒径对石油极限残留率具有明显的影响。叶自桐等[107]人在花岗岩体中进行了非水相流体与水的驱替实验,最终实验研究表明,孔隙介质土壤水分特征曲线的模型解,在裂隙毛细管压力-饱和度关系曲线上一样适用。马贵阳等[108]人建立了二维埋地输油管道泄漏的数学模型和物理模型,对输油管上不同泄漏口位置的污染情况进行了模拟研究。何耀武[109]对土壤中多环芳香烃的吸附行为进行了实验研究。王东海等[110]人利用动态释放实验,进行了包气带中残留非水相流体的挥发实验,结果表明,非水相流体不会保持恒定速度的挥发。连会青[111]采用柴油作为非水相流体,在室内进行了柴油的吸附和淋滤实验。黄廷林[112]以黄土作为多孔介质,对非水相流体在黄土中的迁移规律进行了研究,研究表明黄土对非水相流体的截留能力非常强,长时间渗透结束后非水相流体检出最深为 30 cm,表明在黄土中非水相流体很难向下迁移。

概括以上研究,影响非水相流体在多孔介质中的迁移因素主要包括以下几个方面:一是多孔介质的特性,例如含水率、孔隙度等;二是非水相流体自身的特性,例如非水相流体的种类、温度、黏度等。总体来说,对于埋地管道泄漏污染物的实验研究还相对较少,主要原因是埋地管道泄漏实验技术还存在着一系列问题。埋地输油管道泄漏污染物进入土壤内传热传质也属于多相流体在多孔介质中的扩散问题,如前文所讲,针对此问题的模拟和理论研究相对较多,这也为埋地输油管道泄漏污染物扩散实验研究提供了借鉴作用。

第2章 泄漏污染物迁移过程表征参数测量技术

在研究埋地管道泄漏污染物迁移扩散时,选取污染物迁移表征参数是进行埋地管道污染物泄漏实验的前提,其选取对于实验的可操作性、可靠性和准确性都有一定的影响。本章综合前人的实验研究成果,分析了压力、湿度、介电常数、温度等流体在多孔介质中迁移的表征参数,研究了各表征参数的测量方法和适用条件,并与埋地输油管道泄漏污染物热力迁移实验相结合,找出了适合的表征参数测量技术。

2.1 压 力

多孔介质内部压力相互平衡,当埋地输油管道泄漏污染物进入多孔介质时,就相当于一种流体与另外一固体相接触,在两者之间出现自由界面能[113]。界面能是由于物质内部分子对其表面上分子的固有引力所致,其宏观表现形式就是造成界面张力的改变。也就是说,当流体渗入多孔介质后,改变了多孔介质内的压力,该压力改变就可以作为流体迁移的表征参数来分析流体在多孔介质中的迁移情况。

目前测定流体在多孔介质内压力的方法主要是用张力仪法。在测定水和油的压力时,常用张力仪和压力传感器配合使用。张力仪由多孔头、连通管和压力计3部分组成。当多孔头埋入多孔介质中后,连通管内的流体与多孔介质中的流体相连,通过压力传感器将这种联系转化为电信号。已有部分学者利用此种方法进行污染物扩散迁移实验,如郑冰[114]将压电式水势传感器应用到二维三相流实验当中,成功地检测到了油相的压力,图2.1为压力传感器。郑德凤[115]将压力传感器应用于二维污染物泄漏实验,测量了在污染物扩散过程中各分布点处的压力变化。

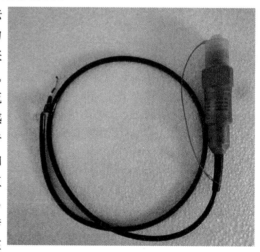

图2.1 压力传感器

王丽[116]将压力传感器应用于二维实验装置中,得到了污染物扩散过程中压力场的变化。

埋地输油管道泄漏污染物迁移实验为研究污染物在实验箱体内的扩散情况,需要在多孔介质内布置传感器,以检测污染物迁移扩散的距离和速度,但由于目前能采购到的压力传感器的一般尺寸为直径2 cm和长度8 cm,不适合在砂箱内密集布置,而且传感器价格较高。

2.2　湿　度

土壤在未受到埋地管道泄漏污染物侵蚀之前,其本身固有一定的湿度。土壤湿度是表示一定深度土层的土壤干湿程度的物理量,又称土壤水分含量。湿度作为土壤参数的重要指标,在外界环境没有改变,内部达到动态平衡状态时,其数值不会发生改变。埋地管道泄漏污染物在迁移扩散过程中,由于其自身含水或者其驱替效应会导致土壤含水率发生变化,通过测量此变化可得到污染物在泄漏过程中的迁移情况。

测定土壤含水率的最传统的方法就是烘干法。它需要制备土样,将待测土壤取样以后,记录质量,在烘干箱内烘干至恒重,根据公式即可以得出待测土样的含水率。姚海林[117]等人采用烘干法测量了高岭土和蒙脱土不同配比情况下的含水率。除此之外,电阻法也是一种主要的测量方法,其主要原理是利用土壤导电性与土壤含水率成反比的特性,通过实验测定其关系,进而将含水率转化为电信号输出到数据采集仪器,记录含水率,图 2.2 为电阻法测湿度传感器。段旭等[118]人测量了天然草坡土壤电阻率和含水率的关系,发现土壤电阻率随着体积含水率增大线性相关关系较好。还有一种常用方法是时域反射法,其原理是电磁波在土壤介质中传播时,其传导常数与土壤的含水率和电导率相关,其主要测量仪器为时域反射仪,通过发射和接收器,分析反射速度,根据其与含水率的关系测出土壤的含水率。詹良通[119]等人采用时域发射法测量砂土的含水量,发现用此法测得的含水率较烘干法稍低,但对应关系较为良好。

其他测量含水率的方法还有中子仪法和 γ 射线透射法等,两者都是通过放入放射源,然后通过探测器接收放射信号,通过耗散的能量与含水率的关系确定土壤的含水率。例如,中子仪法的工作过程是将中子源嵌入待测土壤中,中子源持续稳定地发射快中子,快中子进入土壤介质并与各种原子离子的核相碰撞,快中子损失能量,从而使其慢化,通过测定慢中子云的密度与水分子间的函数关系来确定土壤中的含水率。

图 2.2　电阻法测湿度传感器

在埋地输油管道泄漏污染物实验过程中,湿度的变化主要来自于污染物泄漏后改变了污染物区域的含水率。测定此含水率使用传统烘干法的优点是测量准确,易操作,测量成本低;缺点是必须取样测量,得不到污染物扩散的实时数据,且测量周期较长,由于实验需要得到土壤迁移的实时变化数据,故传统的烘干法不适合本实验。电阻法的优点是当确定土壤的电阻率与含水率的关系后,可以方便快捷地读取待测样本的含水率,但是其电阻率受到其他因素的影响较大,比如多孔介质本身的材料,其传感器本身的电源电路、放大电路等受到加工生产的影响,造成其测量精度非常不稳定。时域反射法同样存在测量精度的问题,受多孔介质的环境影响较大,而且由于其需要有发射和接收电极,通常传感器的体积较大,对多孔介质本身的结构破坏较大,影响污染物在多孔介质中的扩散迁移。而中子法和 γ 射线透射法等由于需要有放射性物质作为放射源,其对人体的伤害比较严重,不适于在本实验中应用。

2.3　介电常数

埋地输油管道泄漏污染物在土壤类多孔介质中迁移时,会改变土壤本身的介电性质。介质在外加电场时会产生感应电荷而削弱电场,介质中电场与原外加电场的比值即为介电常数,它是一种描述介电材料在电场中被极化程度的物理量。含水土壤就属于介电材料的一种,因此它具有介电变化的物理性质。当有流体流过土壤时会改变土壤本身的介电常数。许多研究者通过介电常数与土壤含水率的关系,制作水分传感器埋入土壤以此来确定土壤的含水率。但土壤的介电常数除了与含水率相关,也与土壤有机质含量息息相关[120]。其实土壤的介电常数本身就可以作为污染物迁移扩散的表征参数之一,通过测定土壤介电常数的改变来确定污染物迁移扩散的范围。

目前测量土壤介电常数的方法主要有谐振法、传输反射法和自由空间法。其中谐振法是将待测土样放入谐振腔内,利用介电特性与谐振频率的特性关系确定介电常数。如Waldron 等人[121]采用环形谐振腔,实现了高分辨率下介电常数的测量。传输反射法是利用电磁波在遇到待测土壤介质时,会有发射和透射的性质,通过测量反射能量的衰减和相位移动,得出其与介电常数的关系以此来得到介电常数。Gao[122]等人利用此方法得到了沥青混凝土的介电常数。自由空间法是基于菲涅尔反射定律的一种通过反演的方法在自由空间内测量待测样品电磁参数的方法。图 2.3 为一种测定土壤介电常数的传感器。通常此类传感器的尺寸为直径 5 cm 和长度 12 cm,体积过大,在砂箱内布置会破坏砂箱内多孔介质结构,对污染物在多孔介质中迁移的影响较大,不适合作为本实验的表征参数。

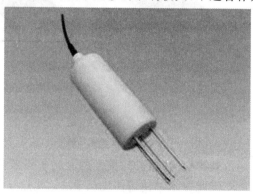

图 2.3　测定土壤介电常数传感器

2.4　温　　度

当埋地管道污染物泄漏在土壤等多孔介质中扩散时,由于泄漏污染物的温度通常不同于土壤的环境温度,泄漏污染物必然会改变土壤本身的温度场,且随着泄漏污染物的不断扩散,其温度场也在不断变化,我们可以通过观察污染物温度场判断污染物泄漏扩散的迁移情况。

温度的测量方法主要分为接触式和非接触式两类[123]。常见的接触式测量仪器有热电偶(图 2.4)和热电阻等,非接触式测量仪器有红外热像仪(图 2.5)。热电偶通过温度与热电势的关系来测量温度,其原理是利用两种不同的金属材料在同一温差环境下两端会产生不同的热电势,此种方法较为成熟,应用比较广泛。陈振乾[124]等人采用镍铬－镍硅热电偶,测量大气对流对土壤内热湿迁移的影响。另一种接触式测量方法为热电阻测量,其原理是利用材料的电阻值和温度值有一点的关系,它通常是导体或者半导体材料,将电流信号转换为温度数值传至数据采集装置上。刘业凤[125]等人采用铠装热电阻测试地下不同深度土壤一年内温度的变化情况。非接触式的测量方式主要是通过红外成像装置来测量被测物体的温度,它可以获取不同温度物体表面的红外射线,将这种红外射线经过信号处理就可以变为红外热图像,可以直观地反映出被测物体的温度分布情况。王久龙[126]利用红外热像仪测试了埋地管道在泄漏前后表面温度场的变化情况。

图 2.4　热电偶　　　　　　　　　　　图 2.5　红外热像仪

热电偶的优点是传感器体积较小,价格低廉,耐腐蚀性较好。热电阻的优点是其测量精度较高,测量范围较广,使用寿命较长,适用于长时间测量,其缺点是耐腐蚀性较差。温度传感器法只能得到传感器布置点处的温度数据变化,得到的数据需要经过插值的方法才能得到连续的温度场;红外成像法可以直接得到被测物体的温度场图像,既方便又快捷,其缺点是只能得到物体表面的温度场,不能得到多孔介质内部的温度分布情况。综上所述可以看出,要研究埋地管道泄漏污染物迁移的情况,需要得到污染物迁移的实时数据,且不能破坏土壤的多孔介质结构,所测参数受到环境的影响要尽量小,参数要准确,测量方式也要尽可能经济。因此,对于埋地输油管道泄漏污染物热力迁移实验研究来讲,采用温度作为污染物迁移的表征参数更加合理,本书采用热电偶和红外成像仪来测量温度。

第 3 章　实验材料物性测量

实验中选取纯净的水介质和白油模拟地下输油管道中的被污染的水介质和非水相流体(NAPL)两种特征的污染物。本章将在实验室现有测量仪器的基础上,对实验中选用的供试材料进行物性分析,建立供试材料物性在不同条件下的曲线关系。

3.1　供试流体(白油)

白油(图 3.1)作为润滑油的基础油,是经过超深度精制的无色、无味、无臭和无腐蚀性的特种矿物油,主要特点为无色、透明,适用于固—液两相流动模拟过程中迁移状况的观察。其组成基本为饱和烃类(环烷烃和烷烃)、芳香烃,其中氮、氧、硫等杂质含量很低(近似为零)。相对分子质量一般为 300~400,属于润滑油馏分,具有良好的化学惰性及优良的光、热等稳定性。在常温至 150 ℃之间,挥发量可忽略不计。

(a) 常温　　　　　　　　　　　　　　　(b) 零下16℃

图 3.1　白油(照片)

3.1.1　黏度

本实验采用 32# 白油模拟地下输油管道中的非水相流体,在常压下对不同温度和不同体积比的油水混合物的黏度进行测量,测量装置选用 NDJ-1 型旋转式黏度计,最后分别绘制 32# 白油黏度与温度曲线和油水混合物不同体积比的黏度曲线。

32# 白油黏度与温度的关系曲线如图 3.2 所示,测量方法为:将选用白油 120 mL 装入特制高型烧杯中,然后将装有白油的高型烧杯装入选用的电热数显恒温水浴箱进行加热,从室温开始分别加热到 20 ℃、30 ℃、40 ℃、50 ℃、60 ℃、70 ℃,将加热到所需温度的白油放入 NDJ-1 型旋转式黏度计下进行测量,由于 NDJ-1 型旋转式黏度计测量时无法保证油品的温度,所以在测量中选用 30 s 作为旋转式黏度计测量时间,实验中不排除实验环境可能对测量结果产生一定的影响,将实验结果用幂指数曲线进行拟合,最终将所测数据进行处理绘制曲线。

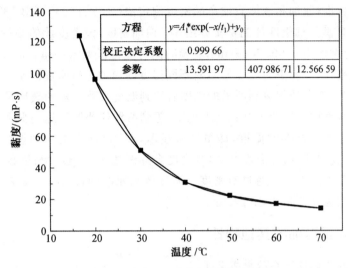

方程	$y=A_1^*\exp(-x/t_1)+y_0$		
校正决定系数	0.999 66		
参数	13.591 97	407.986 71	12.566 59

图 3.2　32# 白油黏度与温度的关系曲线

　　根据地下输油管道泄漏污染物迁移的实验要求,还需对油水混合物的黏度进行测量,实验中测量仍采用 NDJ－1 型旋转式黏度计,温度加热和控制装置采用电热数显恒温水浴箱,仍选择在常压下进行测量,实验方法为:选用的 32# 白油分别按照 10%、30%、50%、70%、100% 的白油体积分数和水配置成所需体积分数的油水混合物,再将所配置的油水混合物试样放入恒温水浴箱中先加热到 30 ℃,将加热好的油水混合物用 NDJ－1 型旋转式黏度计测量黏度,为了尽量减少温度降低的影响,测量时间仍采用 30 s,每次测量前均需要使用玻璃棒进行充分的搅拌,搅拌中如果温度降低很大,还需要重新放入恒温水浴箱中进行加热,重复上述实验操作步骤,测量不同体积分数油水混合物的黏度,最终将所得结果绘制成油水混合物白油体积分数－黏度关系曲线,如图 3.3 所示。

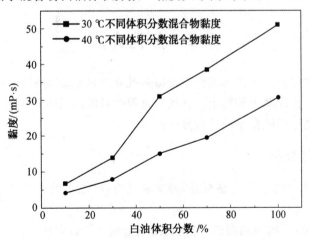

图 3.3　油水混合物白油体积分数－黏度关系曲线

3.1.2　密度

根据国家标准《原油和液体石油产品密度测定法(密度计法)》(GB 1884—2000)的规定,选用 SY-Ⅱ型石油密度计测量实验用 32# 白油密度,该密度计的测量范围为 0.83~0.89 g/cm³,分度值为 0.000 5 g/cm³,实验时同时配备恒温水浴箱、400 mL 玻璃量筒以及标准水银温度计(分度值为 0.1 ℃),对不同温度的白油进行密度测量。

测量方法为:将白油加热到所需的温度后移到温度大致一样的玻璃量筒中,再把所选用的密度计垂直地放入白油中并让两者稳定,等到两种仪器温度达到平衡后,读取石油密度计的读数并记录下试样的温度,测量结果显示,32# 白油密度与油温之间存在线性关系,与一般液体类似,随白油温度升高,其密度会逐渐变小,但通过测量数据观察,不同油温下密度变化差别并不大。通过对密度-温度函数曲线的拟合,结果表明:所选用 32# 白油的密度范围为 0.85~0.87 g/cm³。

3.1.3　供试白油的其他物性

供试白油的其他物性参数见表 3.1。

表 3.1　供试白油的其他物性参数

项目	测量结果
密度/(g·cm⁻³)	0.87
倾点/ ℃	-21
闪点/ ℃	238.0
浊点/ ℃	-15
黏度指数	102
黏度重力常数	0.803 6

3.2　多孔介质

本实验采用初筛砂介质作为实验中模拟多孔介质的供试材料,对所选用部分砂介质进行了细筛、洗砂(去除其中的粉尘),在细筛过程中对所选用砂介质做了颗粒组成级配分析并进行了一系列选用砂介质的性质分析。

3.2.1　粒径分析

颗粒分析按照《土工实验方法标准》的要求进行,将选用的初筛砂介质采用筛分实验的方法进行测定。

首先选用 2 000 g 所用初筛砂介质,利用烘干箱风干后碾压,再将砂样全部置于盛有清水的容器中,用搅拌器充分搅拌,使粗细颗粒完全分离,然后将容器中的悬浊液流过1.18 mm筛,取留在筛上的试样烘干至恒重,并称量烘干试样的质量为 639.6 g,大于总质量 10%，但因为实验中不需要在此粒径区间的数据，不再进行粗筛分析。取通过1.18 mm 筛下的悬液，用带橡皮头的研杆研磨，然后过 0.16 mm 筛，并将留在 0.16 mm 筛上的试样烘干至恒重，称取烘干试样的质量，精确到 0.01 g。将粒径大于 0.16 mm 的烘干试样倒入依次叠好的细筛，进行细筛分析，细筛过的各粒径砂介质颗粒如图 3.4 所示，并称量各层筛上的试样质量，精确至 0.01 g。

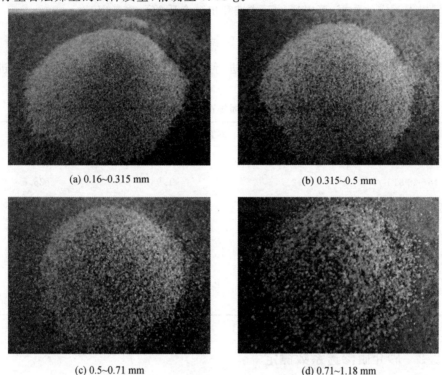

(a) 0.16~0.315 mm　　　　　　　　　　(b) 0.315~0.5 mm

(c) 0.5~0.71 mm　　　　　　　　　　(d) 0.71~1.18 mm

图 3.4　细筛过的各粒径砂介质颗粒

在细筛过程中小于某粒径的试样质量占试样总质量的百分比可按下式计算，即

$$X = \frac{m_A}{m_B} d_s \tag{3.1}$$

式中　X—— 小于某粒径的试样质量占总质量的百分比，%；

　　　m_A—— 小于某粒径的试样质量，g；

　　　m_B—— 细筛分析时所得试样质量，g；

　　　d_s—— 粒径小于 1.18 mm 的试样质量占总质量的百分比，%。

在分析砂介质粒径级配的过程中，取细筛的各粒径砂介质若干进行砂介质相对密度测量，测量方法选用比重瓶法。首先进行比重瓶的校准，将比重瓶烘干，将烘干砂介质取 10 g 倒入比重瓶中，注入少量的水介质，然后轻轻摇动使水砂混匀，再将瓶内水介质煮沸，加热时不时摇动比重瓶，驱除内部的空气，然后将比重瓶静止半小时冷却，然后加入水介质，至瓶上零刻线，称量总质量为 m_1，将比重瓶内的混合液倒出洗净，然后将水介质倒到零刻线位置，再次称量为 m_2，此区间内砂介质相对密度按下式计算：

$$砂介质相对密度 = \frac{10}{10 + m_1 - m_2} \tag{3.2}$$

实验中砂介质的密度测量为烘干砂介质自然堆积时的密度,由于实验条件有限,选用 500 mL 量筒代替砂介质密度测量装置,先测量出量筒的质量 A,再将烘干砂介质填装到量筒的适用刻线体积 V,测量量筒和砂的总质量 B,则选用烘干砂介质的密度为

$$砂介质密度 = \frac{B-A}{V} \tag{3.3}$$

根据以上测定的数据,可以通过下式推算出砂介质的孔隙率为

$$砂介质孔隙率(\%) = \left(1 - \frac{砂介质密度}{砂介质相对密度}\right) \times 100 \tag{3.4}$$

将用上述方法测量的砂介质基础数据进行处理,并将实验中需要用到的参数进行汇总,得到表 3.2 中的结果。

表 3.2　砂介质干密度和孔隙率

粒径/mm	级配分析/%	砂介质干密度/(g·cm⁻³)	孔隙率/%
<0.16	3.37	1.81	25.9
0.16~0.315	12.7	1.93	26.5
0.315~0.5	30.33	2.04	28.3
0.5~0.71	11.14	2.14	29.9
0.71~1.18	10.48	2.28	33.6
1.18<	31.98	2.37	38.4
混合砂	100	2.56	33.9

3.2.2　砂介质渗透系数测定

1.砂土渗透性测量分析

(1)实验原理。

饱和液体环境中,通过测定水头压差和一定时间内流经的水量,根据 Darcy 定律:

$$v = -K \frac{\Delta H}{\Delta L} \tag{3.5}$$

$$Q = -KA \frac{\Delta H}{\Delta L} \tag{3.6}$$

计算得出介质的渗透系数表达式为

$$K = \frac{QL}{A \Delta h} \tag{3.7}$$

(2)实验材料与主要仪器。

实验所用砂粒材料样品如图 3.5 所示,分别选取 0.16~0.315 mm、0.315~0.5 mm、0.5~0.71 mm、0.71~1.18 mm 及混合粗砂粒等 5 种砂粒作为多孔介质的实验材料,砂土渗透性实验参数见表 3.3。

图 3.5　实验所用砂粒材料样品

表 3.3　砂土渗透性实验参数

实验工况	待测试样	待测流体	实验控温装置	实验温度
1		水		20 ℃
2	砂粒	水－白油 32#（体积 2∶1）	HH－1 型恒温水浴箱	60 ℃

如图 3.6 所示，实验采用 TST－70 型渗透仪，其中有封底圆筒高 40 cm，内径 9.5 cm，与筒边连接处有铜丝布网，测压管并行排列，并用胶皮管与测压孔相连。

（3）实验步骤。

①渗透仪安装。反复清洗渗透仪，防止测压管内残存杂质影响实验结果的准确性。安装好渗透仪各测压管，将上下侧壁出水孔用橡胶管连接并用止水夹固定橡胶管另一端出口，将金属孔板放置于渗透仪圆筒内底部，平面向上，凹槽面向下，并加放铜丝布网，用夯实木锤轻敲铜丝布网，使得铜丝布网与金属孔板贴合紧密。由于各待测试样粒度情况不同，在铜丝布网上加铺约 2 cm 厚的粗砂作为缓冲层。将纯水填至恒温水浴箱内并控制温度至室温。

②试样填装。如图 3.7 所示，将待测试样分层填入渗透仪圆筒内，每填入 2～3 cm 层高后用夯实木锤垂直方向均匀敲击试样表面，每层试样装好后，不断重复填加夯实操作，并缓慢开启止水夹，水由渗透仪圆筒底部进水孔向上渗入，待水面与试样顶面齐平时，关闭止水夹，再逐层填装余下试样，待高出测压孔 3～4 cm 为止。在试样顶面铺放 1～2 cm 粗砾石作为缓冲层，并加水至水面高出缓冲层 2 cm 左右为止，关闭止水夹。将供水管放置圆筒内，开启止水夹，使水由圆筒上部注入，至水面与溢水孔齐平为止。

③测量记录。将渗透仪下侧出水管放置量筒上部，打开渗透仪下侧止水夹，待测压管水位稳定后，测记水位，计算初始水位差，开启秒表，同时用量筒收集一定时间内的渗透水量，并重复操作测定。

④待纯水流体实验测定完成后，将恒温水浴箱清洗干净，倒入已按体积比 2∶1 配比的水－白油 32# 混合溶液，并将恒温水浴箱加热至 60 ℃恒定保温状态。重复测定操作。

图 3.6　TST—70 型渗透仪　　　　　图 3.7　TST—70 型渗透仪装砂过程

（4）实验结果分析。

①相对密度与干密度测定。

根据《土工实验规程》(SL237—005—1999)，采用比重瓶法测土样的相对密度 G_s，其基本原理是将称好质量的干土放入盛满水的比重瓶，测量前后质量差，计算出土粒的体积，纯水的相对密度见表 3.4，从而进一步计算出土粒相对密度。砂粒的干密度定义为试样干质量 m 与试样体积的比值，由式(3.2)计算可得，工况 1、2 砂粒试样参数测定值见表 3.5、表 3.6。

表 3.4　纯水的相对密度

温度	水的相对密度	温度	水的相对密度
0 ℃	0.999 8	50 ℃	0.988
5 ℃	0.999 9	55 ℃	0.985 7
10 ℃	0.999 4	60 ℃	0.983 3
15 ℃	0.998 8	65 ℃	0.980 6
20 ℃	0.998	70 ℃	0.977 9
25 ℃	0.996 8	75 ℃	0.974 9
30 ℃	0.995 5	80 ℃	0.971 9
35 ℃	0.993 9	85 ℃	0.968 7
40 ℃	0.992 2	90 ℃	0.965 4
45 ℃	0.990 2	95 ℃	0.962

表 3.5　工况 1 砂粒试样参数测定值

实验组数	砂子粒径 /mm	砂子相对密度	干质量 /kg	砂柱直径 /cm	断面面积 /cm²	柱高 /cm	试样体积 /cm³	干密度 /(g·cm⁻³)
1	0.16~0.315	2.599	2.765	9.5	70.846	27.3	1 934.102	1.429 6
2	0.315~0.5	2.575	2.88	9.5	70.846	27.3	1 934.102	1.489 1
3	0.5~0.71	2.587	3.01	9.5	70.846	27.3	1 934.102	1.556 3
4	0.71~1.18	2.56	3.459	9.5	70.846	28	1 983.695	1.743 7
5	混合砂粒	2.643	3.46	9.5	70.846	27.3	1 934.102	1.788 9

表 3.6　工况 2 砂粒试样参数测定值

实验组数	砂子粒径 /mm	砂子相对密度	干质量 /kg	砂柱直径 /cm	断面面积 /cm²	柱高 /cm	试样体积 /cm³	干密度 /(g·cm⁻³)
1	0.16~0.315	2.599	3.021	9.5	70.846	27.3	1 934.103	1.561 9
2	0.315~0.5	2.575	3.045	9.5	70.846	27.3	1 934.103	1.574 4
3	0.5~0.71	2.587	3.116	9.5	70.846	27.3	1 934.103	1.611 1
4	0.71~1.18	2.56	3.212	9.5	70.846	27.3	1 934.103	1.660 7
5	混合砂粒	2.643	3.3	9.5	70.846	27.3	1 934.103	1.706 2

②实验水位差与渗透量。

工况 1、2 实验的水柱高度及计算水位差、出水流量测定,将每组粒径的 4 次重复性实验计算得出的渗透系数求平均值,利用公式分别计算得出不同粒径砂粒的孔隙比、孔隙率、饱和度,计算结果详见表 3.7、表 3.8。

③孔隙比 e 与孔隙率 n 计算公式。

$$e = \frac{G_s \rho_w}{\rho_d} - 1 \tag{3.8}$$

$$n = \frac{e}{e+1} \tag{3.9}$$

式中　G_s ——土的相对密度;

　　　ρ_w ——T ℃时纯水的相对密度;

　　　ρ_d ——试样干密度,g/cm³。

④饱和度 S 计算公式。

$$S = \frac{G_s w}{e} \tag{3.10}$$

⑤渗透系数 k_T 计算公式。

$$k_T = \frac{QL}{AHt} \tag{3.11}$$

式中　t ——渗透时间,s;

　　　H ——平均水位差,cm;

A ——试样断面面积，cm²；

Q ——时间 t 内的渗透水量，cm³；

k_T ——水温 T ℃时试样的渗透系数，cm/s；

L ——两测压孔中心间的试样高度，10 cm。

表 3.7　工况 1 渗透系数、孔隙比、孔隙率及饱和度计算值

实验组数	砂子粒径 /mm	渗透系数 平均值/(cm·s⁻¹)	孔隙比	孔隙率 /%	饱和度 /%
1	0.16～0.315	0.012	0.818 3	0.45	3.176 7
2	0.315～0.5	0.020 5	0.729 5	0.421 8	3.530 3
3	0.5～0.71	0.056 8	0.662 4	0.398 4	3.905 9
4	0.71～1.18	0.120 3	0.468 1	0.318 9	5.468 6
5	混合砂粒	0.004 8	0.477 5	0.323 2	5.535 7

表 3.8　工况 2 渗透系数、孔隙比、孔隙率及饱和度计算值

实验组数	砂子粒径 /mm	渗透系数 平均值/(cm·s⁻¹)	孔隙比	孔隙率 /%	饱和度 /%
1	0.16～0.315	0.010 2	0.664 2	0.399 1	3.913 7
2	0.315～0.5	0.067	0.635 8	0.388 7	4.050 7
3	0.5～0.71	0.137 4	0.605 8	0.377 3	4.270 5
4	0.71～1.18	0.257 6	0.541 5	0.351 3	4.727 6
5	混合砂粒	0.069	0.549 1	0.354 5	4.813 5

⑥渗透系数与粒径的关系（图 3.8）。

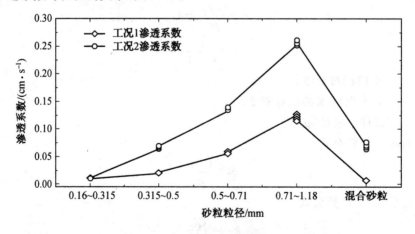

图 3.8　渗透系数与粒径的关系

由图 3.8 可见,实验工况 1 时,实验的渗透系数随所用材料砂粒的粒径(0.16~0.315 mm、0.315~0.5 mm、0.5~0.71 mm、0.71~1.18 mm)增大而逐渐增大,且呈幂指数分布趋势,混合砂粒的渗透系数平均值为 0.004 8 cm/s,0.16~0.315 mm 粒径的渗透系数平均值为 0.012 cm/s。实验工况 2 时,实验的渗透系数随所用材料砂粒的粒径(0.16~0.315 mm、0.315~0.5 mm、0.5~0.71 mm、0.71~1.18 mm)增大而逐渐增大,且呈幂指数分布趋势,混合砂粒的渗透系数的平均值为 0.069 cm/s,0.315~0.5 mm 粒径的渗透系数的平均值为 0.067 cm/s,0.5~0.71 mm 粒径的渗透系数的平均值为 0.137 4 cm/s。粒径相同情况下,填充材料为不同粒径的砂粒时,流体为单相水的渗透系数小于水和 32# 白油混合流体的渗透系数。

⑦渗透系数与孔隙比的关系(图 3.9)。

由图 3.9 可见,工况 1 和工况 2 情况下,孔隙比都随着渗透系数的增加而减小,且工况 1 的孔隙比变化梯度较大,由 0.818 3 减小至 0.468 1,工况 2 的孔隙比变化梯度较小,由 0.664 2 减小至 0.541 5。工况 1 的渗透系数由 0.012 cm/s 变化至 0.120 3 cm/s;工况 2 的渗透系数由 0.010 2 cm/s 变化至 0.257 6 cm/s。

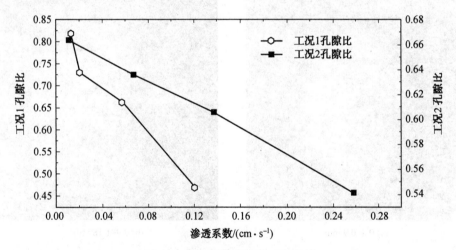

图 3.9 渗透系数与孔隙比的关系

⑧渗透系数与饱和度的关系(图 3.10)。

由图 3.10 可见,工况 1 和工况 2 情况下,渗透系数都随着饱和度的增加而增加,且工况 1 的渗透系数变化较小,工况 2 的渗透系数变化较大。工况 1 的饱和度变化较大,由 3.176 7%变化至 5.468 6%;工况 2 的饱和度变化较小,由 3.913 7%变化至 4.727 6%。

2. 玻璃小球渗透性分析

(1)实验材料及仪器。

实验所用仪器同砂粒渗透性实验仪器,实验所用玻璃小球材料如图 3.11 所示,实验材料选用高精度光滑玻璃小球,粒径分别为 0.8~0.9 mm 和 0.9~1.18 mm,玻璃小球渗透性实验参数见表 3.9。

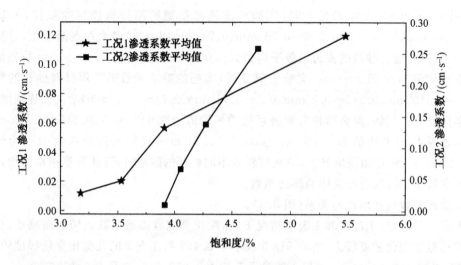

图 3.10　渗透系数与饱和度的关系

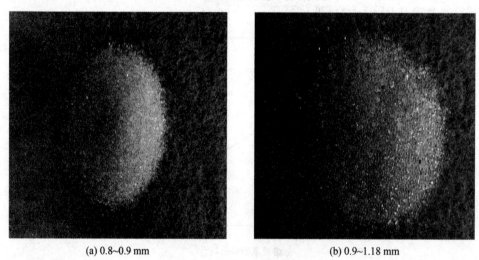

(a) 0.8~0.9 mm　　　　　　　　　(b) 0.9~1.18 mm

图 3.11　实验所用玻璃小球材料

表 3.9　玻璃小球渗透性实验参数

实验工况	待测试样	待测流体	实验控温装置	实验温度
1	玻璃	水	HH-1型恒温水浴箱	20 ℃
2	小球	水：32#白油(体积2:1)		60 ℃

（2）实验步骤。

实验步骤同砂粒渗透性实验,由于玻璃小球的粒径相对较大,在进行试样填充时,可以不用添加粗砂作为缓冲层,仪器安装、试样添加、测量记录等步骤同上。

（3）实验结果分析。

①相对密度与干密度测定。

玻璃小球的相对密度和干密度的测定方法同砂粒实验测定方法,利用公式(3.2)进行计算,工况 1、2 玻璃小球试样参数测定值见表 3.10 和表 3.11。

表 3.10　工况 1 玻璃小球试样参数测定值

实验组数	玻璃球粒径/mm	玻璃球相对密度	玻璃球质量/kg	柱径/cm	断面面积/cm²	柱高/cm	试样体积/cm³	干密度/(g·cm⁻³)
1	0.8～0.9	2.428	2.998	9.5	70.846	27.5	1 948.272	1.538 8
2	0.9～1.18	2.362	2.836	9.5	70.846	27.5	1 948.272	1.455 6

表 3.11　工况 2 玻璃小球试样参数测定值

实验组数	玻璃球粒径/mm	玻璃球相对密度	玻璃球质量/kg	柱径/cm	断面面积/cm²	柱高/cm	试样体积/cm³	干密度/(g·cm⁻³)
1	0.8～0.9	2.428	2.836	9.5	70.846	27.5	1 948.272	1.455 6
2	0.9～1.18	2.362	2.787	9.5	70.846	27.5	1 948.272	1.430 5

②实验水位差与渗透量。

工况 1、2 实验水位差与渗透量测定:将每组粒径的 4 次重复性实验计算得出的渗透系数求平均值,利用公式(3.8)～(3.11)分别计算得出不同粒径玻璃球的孔隙比、孔隙率、饱和度,工况 1、2 渗透系数、孔隙比计算值见表 3.12 和表 3.13。

表 3.12　工况 1 渗透系数、孔隙比、孔隙率及饱和度计算值

实验组数	玻璃球粒径/mm	渗透系数平均值/(cm·s⁻¹)	孔隙比	孔隙率/%	饱和度/%
1	0.8～0.9	0.31	0.58	36.63	4.2
2	0.9～1.18	0.51	0.62	38.36	3.79

表 3.13　工况 2 渗透系数、孔隙比、孔隙率及饱和度计算值

实验组数	玻璃球粒径/mm	渗透系数平均值/(cm·s⁻¹)	孔隙比	孔隙率/%	饱和度/%
1	0.8～0.9	0.147 6	0.668 1	40.049 9	3.634 6
2	0.9～1.18	0.251 7	0.651	39.429 3	3.628

③渗透系数与粒径的关系。

工况 1、2 渗透系数和粒径之间的关系,如图 3.12 所示。

由图 3.12 可见,当实验工况 1 时,通过的流体为水,温度为 20 ℃,实验的渗透系数随所用材料玻璃球粒径的增大而增大，0.8~0.9 mm 粒径的渗透系数的平均值为 0.31 cm/s，0.9~1.18 mm 粒径的渗透系数的平均值为 0.51 cm/s。

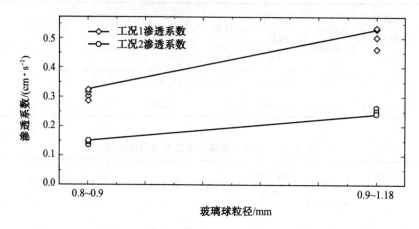

图 3.12　渗透系数与粒径的关系

由图 3.12 可见，实验工况 2 时，通过的流体为水和 32# 白油混合流体，温度为 60 ℃，实验的渗透系数随所用材料玻璃球粒径的增大而增大，0.8~0.9 mm 粒径的渗透系数的平均值为 0.147 6 cm/s，0.9~1.18 mm 粒径的渗透系数的平均值为 0.251 7 cm/s。粒径相同时，工况 1 的渗透系数大于工况 2 的渗透系数，即填充材料为不同粒径的玻璃球时，流体为单相水的渗透系数大于水和 32# 白油为混合流体的渗透系数。

④渗透系数与孔隙比的关系（图 3.13）。

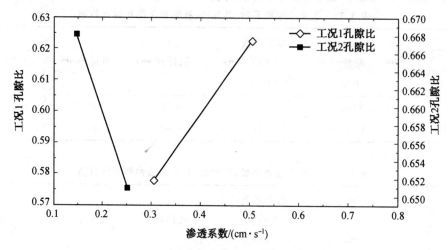

图 3.13　渗透系数与孔隙比的关系

由图 3.13 可见，工况 1 中孔隙比随着渗透系数的增加而增加，由 0.58 增加至 0.62；工况 2 的孔隙比随着渗透系数的增加而减少，由 0.668 1 减小至 0.651。工况 1 的渗透系数由 0.31 cm/s 变化至 0.51 cm/s，工况 2 的渗透系数由 0.147 6 cm/s 变化至 0.251 7 cm/s。

⑤渗透系数与饱和度的关系（图 3.14）。

工况 1、2 渗透系数和饱和度的关系,如图 3.14 所示。

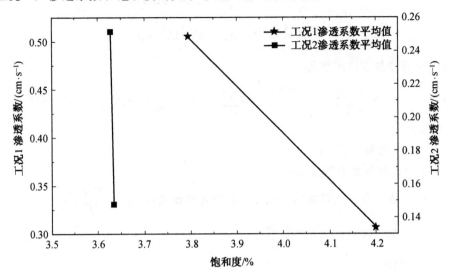

图 3.14　渗透系数与饱和度的关系

由图 3.14 可见,工况 1 和工况 2 情况下,渗透系数都随着饱和度的减小而增加,工况 1 的饱和度变化较大,由 4.2% 变化至 3.79%;工况 2 的饱和度变化较小,由 3.634 6% 变化至 3.628%。

3.2.3　多孔介质热物性参数的测定

热物性参数的测试是埋地输油管道泄漏传热分析的基础。有关干砂类多孔介质热物性的测试在国内外已有大量的研究,但关于饱和砂类多孔介质的有效导热系数及有效比热等物性参数的测试却很少。本节介绍了砂热物性参数测试的原理及测试装置。

1.砂热物性测试原理

采用准稳态法对砂进行热物性测试。本实验是根据第二类边界条件,无限大平板的导热问题来设计的。实验中设平板的厚度为 2δ,如图 3.15 所示,初始温度为 t_0,平板两面受恒定的热流密度为 q_0,均匀加热。

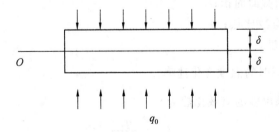

图 3.15　无限大平板导热物理模型

当求解任何瞬间平板厚度方向的温度分布 $t(x,t)$ 时,其导热微分方程式、初始条件和第二类边界条件如下:

$$\begin{cases} \dfrac{\partial t(x,\tau)}{\partial t} = a\,\dfrac{\partial t^2(x,\tau)}{\partial x}, \quad t(x,0) = t_0 \\[2mm] \dfrac{\partial t(\delta,\tau)}{\partial x} + \dfrac{q_0}{\lambda} = 0, \quad \dfrac{\partial t(0,\tau)}{\partial x} = 0 \end{cases} \tag{3.12}$$

通过分离变量方法可解得

$$t(x,\tau) - t_0 = \frac{q_0}{\lambda}\left[\frac{a\tau}{\delta} - \frac{\delta^2 - 3x^2}{6\delta} + \delta\sum_{n=1}^{\infty}(-1)^{n+1}\frac{2}{\mu_n^2}\cos\left(\mu_n\frac{x}{\delta}\right)\exp(-\mu_n^2 F_0)\right]$$

$$\tag{3.13}$$

式中　t_0——初始温度，℃；

$\quad\quad x$ ——试件厚度方向坐标；

$\quad\quad q_0$——沿 x 方向从端面向平板加热的恒定热流密度，$q_0 = \dfrac{I^2 R}{2F}$；

$\quad\quad F_0$——傅里叶准则数，$F_0 = \dfrac{a\tau}{\delta^2}$；

$\quad\quad \tau$ ——时间；

$\quad\quad \mu_n$ —— $n\pi$ ，$n = 1,2,3,\cdots$；

$\quad\quad \lambda$ ——平板导热系数；

$\quad\quad a$ ——平板热扩散系数。

随着时间 τ 的延长，F_0 变大，式（3.13）中的级数和项变小，当 $F_0 > 0.5$ 时，砂箱中各处砂的温度与时间呈线性关系，温度随时间的变化速率是常数，并且各处相同，这种状态称为准稳态。

此时式（3.13）可简化为

$$\Delta t = t(\delta,t) - t(0,\tau) = \frac{1}{2}\frac{q_0\delta}{\lambda} \tag{3.14}$$

因此，当已知 q_0、δ 时，再测出平板两面温差，就可由式（3.14）求出有效导热系数

$$\lambda = \frac{1}{2}\frac{q_0\delta}{\Delta t} \tag{3.15}$$

根据热平衡原理，在准稳态时有下列关系，即

$$q_0 \cdot A = C_p \cdot \rho \cdot \delta \cdot A \cdot \frac{\mathrm{d}t}{\mathrm{d}\tau} \tag{3.16}$$

式中　A ——试件的截面面积；

$\quad\quad C_p$ ——砂的有效比热；

$\quad\quad \rho$ ——砂的密度；

$\quad\quad \dfrac{\mathrm{d}t}{\mathrm{d}\tau}$ ——准稳态时的温度变化速率。

因此由式（3.16）可求出砂的有效比热为

$$C_p = \frac{q_0}{\rho\delta\,\dfrac{\mathrm{d}t}{\mathrm{d}\tau}} \tag{3.17}$$

实验时，$\dfrac{\mathrm{d}t}{\mathrm{d}\tau}$ 以试件中心为准。

因此当已知 q_0 和 δ 时,再测出砂测试样两面温差,就可由式(3.17)求出砂的有效比热。再由测试得出的导热系数和比热,可求得砂的有效导温系数,即热扩散率 a 。

$$a = \frac{\lambda}{\rho C_p} \tag{3.18}$$

2. 实验装置简介

根据以上原理设计出砂热物性测试装置如图 3.16 所示。测试系统主要由试样盒、加热装置、温度信号检测装置和辅助装置组成。

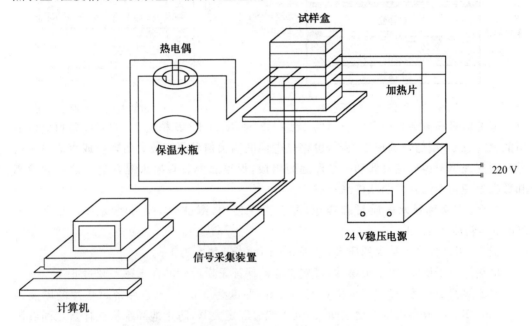

图 3.16 砂热物性测试装置示意图

试样盒结构示意图如图 3.17 所示。试样盒由 160 mm×160 mm 的有机玻璃板材制成,中间开有 100 mm×100 mm 的方孔用来盛试样,试样盒结构平面示意图如图 3.18 所示。制作试样盒的有机玻璃由厚度为 10 mm 和 15 mm 的两层组成,可以根据需要组成 5 mm、10 mm 和 15 mm 厚的试样。为了能够模拟出无限大平板的条件,整个测试装置需要使用 4 个相同的试样盒。

加热装置由两片薄膜加热器和一台直流稳压电源组成。加热器采用高电阻率康铜箔平面加热器,尺寸为 100 mm×100 mm。薄膜加热器本身的厚度仅为 20 μm,加上绝缘薄膜的厚度总计不超过 70 μm,热惯性很小。此外,它的电阻值稳定,在 0~100 ℃范围内几乎不变,这对于形成恒定热流边界条件是非常有利的。直流稳压电源采用的是 HY1711 双路可调直流稳压电源(量程为 $U=0\sim32$ V,$I=0\sim1.2$ A,精度 2.5 级),它在稳压工作方式下的电压偏差小于 30 mV。

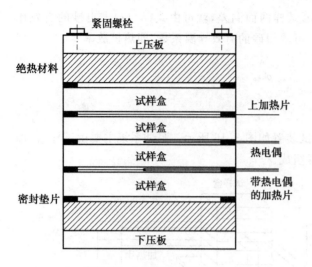

图 3.17 试样盒结构示意图

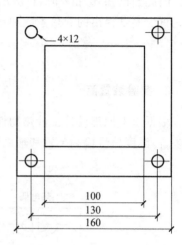

图 3.18 试样盒结构平面示意图

温度信号检测装置由研华公司的 1710－L 型 A/D 卡（其精度为 $1/2^{12}$），瑞利威尔公司的 RL—D01 型信号调理放大器（可将热电偶的输出信号隔离放大后转换成直流电压信号），两支镍铬－镍硅热电偶和一个保温瓶组成，保温瓶内装有冰水混合物。信号的检测和数据处理由专门开发的软件来完成。

量筒：用来称量水的质量和容积，配合天平使用，测试砂的饱和含水率。量程 0～250 mL，精度为 1 mL。

天平：用来称量砂和水的质量，量程 0～1 000 g，精度为 1 g。

电热鼓风干燥箱：用来干燥砂，每次实验前保证干燥后砂的含水率不超过 0.1%。

聚乙烯密封垫片：尺寸同试样盒大小相等，厚度为 3 mm，压紧后密封垫片的厚度为 0.5 mm，实验时放在两试样盒之间，用沉头螺钉固定夹紧，防止饱和水从试样盒之间渗漏出去，用作密封。

水银温度计：水银温度计的量程为 0～50 ℃，其精度为 0.1 ℃，用作对测温热电偶的标定。

3. 砂有效导热系数的测试研究

在常压状态下，利用混合法测得砂的饱和含水率应在 20.8%～21.2% 之间，密度约为 2 000 kg/m³。

利用准稳态法测试不同含水率下砂的有效导热系数，导热系数随含水率变化数据见表 3.14。

表 3.14 导热系数随含水率变化数据表

含水率/%	0	2.2	4.3	7.6	10.2	11.5	14.1	15.6	16.4	19.5	20.8
有效导热系数 /(W·m⁻¹·K⁻¹)	0.69	1.64	2.37	4.04	4.43	4.87	5.28	5.46	5.57	5.79	6.03

经过公式拟合后得出导热系数在不同含水率下的变化关系为

$$\lambda = 2.3\ln(x) + 0.379 \quad (x > 1)$$

由实验数据可知有效导热系数随含水率变化的趋势如图 3.19 所示。

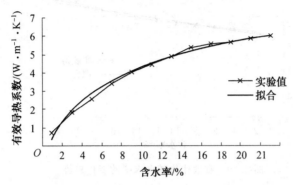

图 3.19　有效导热系数随含水率变化趋势

实验测试了从干砂到饱和砂（即含水率在 0～20.8％之间）的有效导热系数，由图 3.19可以看出，砂的有效导热系数随砂含水率的增加呈明显上升趋势。干砂的导热系数为 0.69 W/(m・K)突然增大到含水率为 2.2％下的 1.64 W/(m・K)，当含水率在 15％时，其有效导热系数随含水率的增加趋于平缓变化，在饱和状态时达到最大值 6.03 W/(m・K)，其变化规律接近于对数变化规律。

4. 砂有效比热的测试研究

有效比热随含水率变化数据表见表 3.15。

表 3.15　有效比热随含水率变化数据表

含水率/％	0	2.2	4.3	7.6	10.2	11.5	14.1	15.6	16.4	19.5	20.8
有效比热 /(kJ・kg^{-1}・K^{-1})	1.66	1.80	1.86	1.91	1.99	2.05	2.09	2.15	2.24	2.36	2.47

由实验数据及拟合的曲线得砂的有效比热随含水率的变化趋势如图 3.20 所示，经过公式拟合后得出有效比热在不同含水率下的变化关系为

$$C_p = 1.62 + 0.068x$$

由图 3.20 可以看出，砂的有效比热主要受含水率的控制，随砂含水率的增加而变大，在饱和状态时达到最大值 2.47 kJ/(kg・K)，其变化规律接近于线性变化规律。

由测得的导热系数和比热即可求得砂的热扩散率为 1.22×10^{-6} m^2/s。

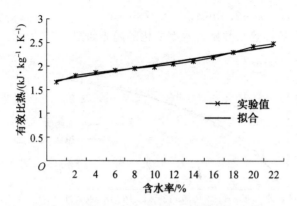

图 3.20　有效比热随含水率的变化趋势

3.2.4　多孔介质含水量、密度、孔隙度的测定

1. 土壤含水量测定

土壤含水量测定：

$$土壤含水量(\%) = \frac{湿土称重 - 烘干后称重}{烘干土质量} \times 100\%$$

2. 土壤密度测定

土壤密度测定：

$$\rho_b = \frac{m}{1 + \theta_m} \cdot V$$

式中　ρ_b——土壤密度，g/cm³；

$\quad\quad m$——环刀内试样质量，g；

$\quad\quad V$——环刀容积，cm³；

$\quad\quad \theta_m$——样品含水量，%。

3. 土壤孔隙度测定

土壤孔隙度测定：

$$土壤孔隙度 = \frac{土壤相对密度 - 土壤密度}{土壤相对密度} \times 100\% =$$

$$1 - \frac{土壤密度}{土壤相对密度} \times 100\%$$

仪器设备：环刀（容积为 100 cm³）、天平（感量 0.1 g 和 0.01 g）、量筒（100 mL）、烘箱、环刀托、削土刀、干燥器、小型搅拌棒、铝盒。

第4章　多孔介质模型阻力系数测量技术

4.1　测量方案

4.1.1　测量内容和目的

阻力系数是表征多孔介质内介质流动过程黏性阻力和惯性阻力相对大小的重要指标之一。在利用计算流体动力学模拟开发软件进行多孔介质的传热传质模拟研究的过程中,多孔介质模型可用于模拟包括填充床、滤纸、多孔板、布流器、管排等许多流动问题,由于多孔介质模拟区域的复杂性及液体物性的综合影响,使得黏性阻力系数和惯性阻力系数主要与液体的黏度、多孔介质的孔隙率、多孔介质粒径以及经验常数相关,非线性渗流主要是由惯性力引起的。低雷诺数时,黏性力占主导地位,阻力系数较大,高雷诺数时,惯性阻力占主导地位,阻力系数较小。而渗透流速相同时,孔隙介质的颗粒直径越小,比表面积和流速梯度越大,黏性力作用越大。对于相同排列方式、不同粒径的孔隙介质,当渗透流速相同时,黏性阻力作用项和惯性阻力作用项都随颗粒粒径的减小而增大。对于同一种孔隙介质而言,随着渗透流速增大,黏性力和惯性力作用项均增大,但黏性力作用项的比例逐渐减小,惯性阻力所占比例逐渐增大。

油田驱油、土壤中液体污染物修复、输油管道泄漏检测等工程实际应用,往往涉及液体在地层、土壤、砂石等多孔介质中迁移研究问题。多孔介质以固相为固体骨架,所构成的孔隙空间被其他相物质占据。多数地层、土壤、砂石等多孔介质中液体迁移的数值研究,均采用 Fluent 等商业软件进行。在利用 Fluent 等商业软件研究液体流经多孔介质区域过程中的迁移特性时,需要已知黏性阻力系数和惯性阻力系数。因此,获取多孔介质黏性阻力系数和惯性阻力系数具有重要的实际工程应用价值。

4.1.2　实验材料

(1)实验所用玻璃小球材料如图 4.1 所示,选用直径为 0.8~1.18 mm 玻璃小球。经过实验前的筛网筛分处理,得到 0.8~0.9 mm、0.9~1.18 mm 两种粒径的玻璃小球。

(2)根据表 4.1,选用 32# 白油为实验材料,加热前后水-32# 白油混合情况如图 4.2 所示。加热前,由于室温条件下 32# 白油密度小于水的密度,将水-32# 白油自然态混合后,发生明显的分层现象。加热后,随着温度的上升,水-32# 白油的密度略有减小,水的动力黏度系数明显减小,温度升高至 60 ℃时,水-32# 白油混合状态良好,适合实验流体试样操作。

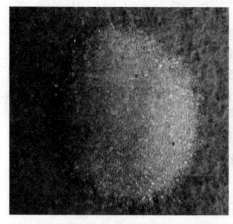

图 4.1　玻璃小球材料　　　　　图 4.2　水—32#白油混合情况

表 4.1　工业白油技术要求

项目	质量指标											实验方法
等级	优级品							合格品				
牌号	5	7	10	15	32	68	100	5	7	10	15	
运动黏度 40 ℃	4.14 ～ 5.06	6.12 ～ 7.48	9.00 ～ 11.0	13.5 ～ 16.5	28.8 ～ 35.2	61.2 ～ 74.8	90.0 ～ 110	4.14 ～ 5.06	6.12 ～ 7.48	9.00 ～ 11.0	13.5 ～ 16.5	GB/T 265
闪点/℃	110	130	140	150	180	200	200	110	130	140	150	GB/T 3536
倾点/ ℃	—5			—10				3			2	GB/T 3535
颜色/赛氏号	30							20			24	GB/T 3555
腐蚀实验 100 ℃/3 h	1											GB/T 5096
水分/%	无											GB/T 260
机械杂质	无											GB/T 511
水溶性酸或碱	无											GB/T 259
硫酸显色实验	通过							—				
硝基萘实验	通过							—				
外观	无色、无味、无荧光、透明油状液体											目测

4.1.3　实验仪器

（1）压差测量仪器：如图 4.3 所示，采用隔膜式压差变送器，测量范围为 0～100 kPa。

（2）流量测量仪器：如图 4.4 所示，涡轮流量变送器精度为 0.5%，测量范围为 1～10 m³/h。

（3）黏度测量仪器：如图 4.5 所示，采用旋转式黏度计。

（4）液体输送装置：如图 4.6 所示，采用单相热水管道泵。

图 4.3　隔膜式压差变送器

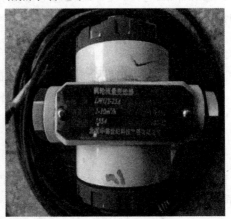

图 4.4　涡轮流量变送器

图 4.5　旋转式黏度计

图 4.6　单相热水管道泵

4.2 测量原理与过程

4.2.1 多孔介质模型阻力系数基本求解方法

1. 公式计算法

Forchheimer 于 1901 年在没有考虑多孔介质通道几何形状和流体黏度耦合作用影响的情况下,首次提出压降的非线性表达式

$$\frac{|\Delta p|}{L} = A\mu + B\mu^2 \tag{4.1}$$

式中　Δp ——流体在多孔介质区域内产生的压降;

　　　L ——流体在多孔介质中有效渗透路径;

　　　μ ——流体黏度;

　　　A ——黏性项经验系数;

　　　B ——惯性项经验系数。

Ergun 对 Forchheimer 公式进行修正,得出了一个半经验公式,适用的雷诺数范围广泛,同时也适用于多种填充物。公式如下:

$$\frac{|\Delta p|}{L} = \frac{150\mu}{D_p^2} \frac{(1-\varepsilon)^2}{\varepsilon^3} v_\infty + \frac{1.75\rho}{D_p} \frac{(1-\varepsilon)}{\varepsilon^3} v_\infty^2 \tag{4.2}$$

式中　ε ——多孔介质孔隙率;

　　　D_p ——多孔介质孔隙直径;

　　　ρ ——流体密度;

　　　v_∞ ——流体通过多孔介质区域时的流速。

当流体渗流为层流时,上式右端第二项可忽略,Ergun 公式可以进一步简化为 Blake－Kozeny 方程式,即

$$\frac{|\Delta p|}{L} = \frac{150\mu}{D_p^2} \frac{(1-\varepsilon)^2}{\varepsilon^3} v_\infty \tag{4.3}$$

通过 Ergun 公式可求得多孔介质黏性阻力系数和惯性阻力系数的公式为

$$\frac{1}{\alpha} = \kappa = \frac{150\mu}{D_p^2} \frac{(1-\varepsilon)^2}{\varepsilon^3} \tag{4.4}$$

$$C_2 = \frac{(1-\varepsilon)}{\varepsilon^3} = \sqrt{\kappa \frac{\varepsilon^3}{150\mu (1-\varepsilon)^2}} \frac{3.5\rho(1-\varepsilon)}{\varepsilon^3} \tag{4.5}$$

2. 实验拟合法

通过实验可以获得多孔介质中流体的流速与压降的实验数据,利用这些数据通过插值拟合的方法可求出源项的阻力系数。通过多孔介质的压力降 Δp 与速度 v 关系的实验数据来确定阻力系数,用二次多项式拟合出的"速度－压降"曲线关系为

$$\Delta p = a_1 v + a_2 v^2 \tag{4.6}$$

式中　a_1、a_2——拟合系数。

因此黏性阻力系数和惯性阻力系数分别为

$$\frac{1}{\alpha} = \frac{a_1}{\mu \Delta n} \tag{4.7}$$

$$C_2 = \frac{a_2}{\frac{1}{2} \rho \Delta n} \tag{4.8}$$

式中　Δn——多孔介质板的厚度。

4.2.2　黏性阻力系数和惯性阻力系数影响因素

根据多孔介质模型的黏性阻力系数和惯性阻力系数的现有计算公式可以得到，$\dfrac{1}{\alpha} = \dfrac{A}{D_p^2} \dfrac{(1-\varepsilon)^2}{\varepsilon^3}$ 和 $C_2 = \dfrac{2B}{D_p} \dfrac{(1-\varepsilon)}{\varepsilon^3}$，黏性阻力系数 $\dfrac{1}{\alpha}$ 除与多孔介质的孔隙率 ε 和多孔介质的等量球体粒径 D_p 有关，还与流经多孔介质的流体的黏度系数 μ 有关；惯性阻力系数 C_2 不仅与多孔介质的孔隙率 ε 有关，还与通过多孔介质的流体的密度有关系。推导出以黏性阻力系数 $\dfrac{1}{\alpha}$ 和惯性阻力系数 C_2 为参数，以流体在实验管段内的流速 v 为自变量，流体在实验管段两端的压差变送器上所产生的压力降值 Δp 的非线性函数关系式为

$$\Delta p = \mu v \Delta L \frac{1}{\alpha} + \frac{1}{2} C_2 \rho \Delta L v^2 \tag{4.9}$$

4.2.3　实验过程及工况因素

如图 4.7 装置结构图所示，液体经入水管进入高位水箱，通过输水软管进入由高精度光滑实心玻璃小球组成的玻璃球床实验管段部分。通过流量变送器所测得的液体流量数据，在液体流经过的截面面积一定的条件下，基于液体流量与流速之间的线性关系公式：$Q = vA$，可以计算得到液体在流经实验管段时的流速数据。将由压差变送器 LOW 端隔膜与压差变送器 HIGH 端隔膜所测得的在压差变送器的量程范围内的百分比例数据，对照相应的测量量程计算得出压差变送器 LOW 端隔膜与压差变送器 HIGH 端隔膜两端的实际压降数据值。

通过改变液体和实心玻璃小球，在玻璃小球直径为 0.8~0.9 mm 及混合粒径的情况下，分别进行单相水、水－32#白油混合实验。单相水实验Ⅰ、水－32#白油混合实验Ⅰ、单相水实验Ⅱ、水－32#白油混合实验Ⅱ，工况参数见表 4.2~4.5。

图 4.7　实验装置结构图

表 4.2　单相水实验 I 工况参数

实验条件	工况 1 参数
实验流体	水
水密度 ρ(20 ℃)/(kg·m^{-3})	998.16
水动力黏性系数 μ/(kg·m^{-1}·s^{-1})	1.003×10^{-3}
实验管段长度 L/m	1.5
实验管段直径 D_p/m	0.05
玻璃小球直径/mm	0.8~0.9

表 4.3　水—32$^{\#}$白油混合实验 I 工况参数

实验条件	工况 2 参数
实验流体	水/32$^{\#}$白油（体积比 2∶1）
水密度 ρ(60 ℃)/(kg·m^{-3})	983.2
32$^{\#}$白油密度 ρ(60 ℃)/(kg·m^{-3})	840
混合液体密度 ρ(60 ℃)/(kg·m^{-3})	935.467
水动力黏性系数 μ/(kg·m^{-1}·s^{-1})	4.66×10^{-4}
32$^{\#}$白油动力黏性系数 μ/(kg·m^{-1}·s^{-1})	0.02
混合液体动力黏性系数 μ/(kg·m^{-1}·s^{-1})	8.4×10^{-3}
实验管段长度 L/m	1.5
实验管段直径 D_p/m	0.05
玻璃小球直径/mm	0.8~0.9

表 4.4　单相水实验 Ⅱ 工况参数

实验条件	工况 3 参数
实验流体	水
水密度 ρ（20 ℃）/(kg·m^{-3})	998.16
水动力黏性系数 μ/(kg·m^{-1}·s^{-1})	1.003×10^{-3}
实验管段长度 L/m	1.5
实验管段直径 D_p/m	0.05
玻璃小球直径/mm	0.8～0.9/0.9～1.18（体积比 1:1）

表 4.5　水—白油 32$^{\#}$ 混合实验 Ⅱ 工况参数

实验条件	工况 4 参数
实验流体	水/32$^{\#}$白油（体积比 2:1）
水密度 ρ（60 ℃）/(kg·m^{-3})	983.2
32$^{\#}$白油密度 ρ（60 ℃）/(kg·m^{-3})	840
混合液体密度 ρ（60 ℃）/(kg·m^{-3})	935.467
水动力黏性系数 μ/(kg·m^{-1}·s^{-1})	4.66×10^{-4}
32$^{\#}$白油动力黏性系数 μ/(kg·m^{-1}·s^{-1})	0.02
混合液体动力黏性系数 μ/(kg·m^{-1}·s^{-1})	8.4×10^{-3}
实验管段长度 L/m	1.5
实验管段直径 D_p/m	0.05
玻璃小球直径/mm	0.8～0.9/0.9～1.18（体积比 1:1）

4.3　测量结果分析

4.3.1　单相水实验 Ⅰ

根据表 4.2 中所示的实验参数，进行实验流体为单相水、实验温度为 20 ℃条件下的实验测定，并将实验管段内的压差 Δp 和单相水流体通过实验管段的流速 v 的实验测量值进行记录。将实验测量值 Δp 和 v 依据式（4.2）进行参数拟合，按照阻力系数的导出公式（4.9）进行曲线拟合，拟合结果如图 4.8、4.9 所示。拟合得到 Ergun 方程常系数分别为 $A = 41.577\ 49$ 和 $B = 0.338\ 5$，且拟合度 $R_2 = 0.995\ 56$；得到阻力系数分别为 1.19×10^{9} 和 23 186.580 96。

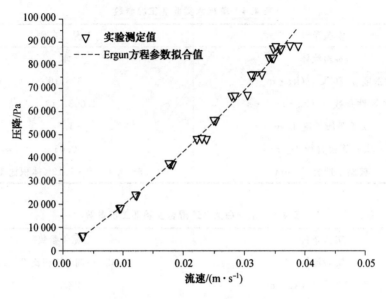

图 4.8　工况 1 Ergun 方程参数拟合

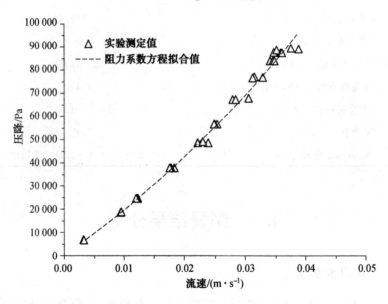

图 4.9　工况 1 阻力系数方程拟合

4.3.2　油水混合实验 I

根据表 4.3 中所示的实验参数,进行实验流体为水-32# 白油混合液体、实验温度为 60 ℃条件下的实验测定,并将实验管段内的压差 Δp 和水-32# 白油混合流体通过实验管段的流速 v 的实验测量值进行记录。将实验测量值 Δp 和 v 依据式(4.2)进行参数拟合,按照阻力系数的导出公式(4.9)进行曲线拟合,拟合结果如图 4.10、4.11 所示。拟合得到 Ergun 方程常系数分别为 $A=2.467\ 06$ 和 $B=0.358\ 8$,且拟合度 $R_2=0.986\ 99$;得到阻力系数分别为 7.06×10^7 和 24 576.985 8。

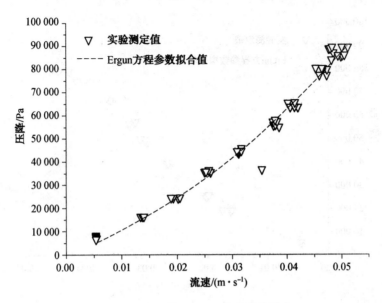

图 4.10　工况 2 Ergun 方程参数拟合

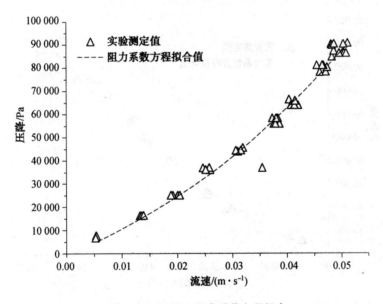

图 4.11　工况 2 阻力系数方程拟合

4.3.3　单相水实验Ⅱ

根据表 4.4 中所示参数,将实验管段内的压差 Δp 和单相水流体通过实验管段的流速 v 的实验测量值进行记录。将实验测量值 Δp 和 v 依据式(4.2)Ergun 方程进行参数拟合,依据式(4.9)阻力系数的导出公式进行曲线拟合,拟合结果如图 4.12、4.13 所示。拟合得到 Ergun 方程常系数分别为 $A = 27.763\ 27$ 和 $B = 0.444\ 17$,且拟合度 $R_2 = 0.979\ 4$;得到阻力系数分别为 6.63×10^8 和 27 807.269 03。

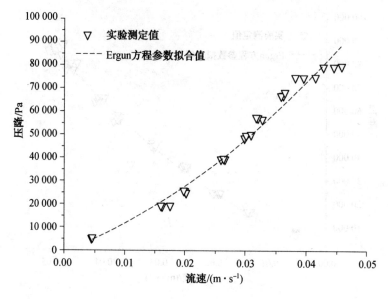

图 4.12　工况 3Ergun 方程参数拟合

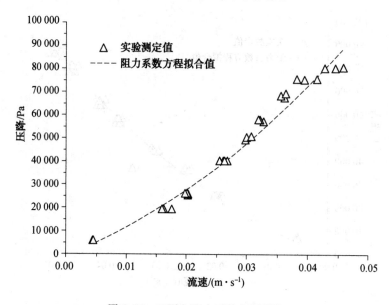

图 4.13　工况 3 阻力系数方程拟合

4.3.4　油水混合实验 Ⅱ

根据表 4.5 中所示的实验参数,将实验测量值 Δp 和 v 依据 Ergun 方程式(4.2)进行参数拟合,按照阻力系数导出公式(4.9)进行曲线拟合,拟合结果如图 4.14、4.15 所示。拟合得到 Ergun 方程常系数分别为 $A = 3.902\ 7$ 和 $B = 0.744\ 26$,且拟合度 $R_2 = 0.987\ 37$;得到阻力系数分别为 9.33×10^7 和 46 596.043 51。

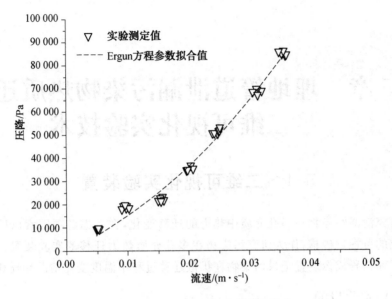

图 4.14　工况 4 Ergun 方程参数拟合

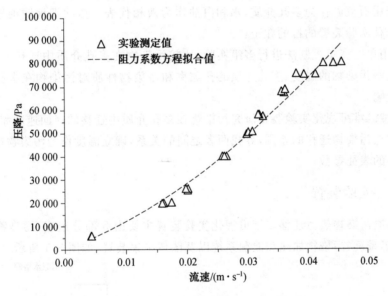

图 4.15　工况 4 阻力系数方程拟合

第5章 埋地管道泄漏污染物热质迁移二维可视化实验技术

5.1 二维可视化实验装置

为了研究泄漏污染物在多孔介质中热力的迁移变化,在考虑各项因素以后选用有机玻璃板制成的可视化砂槽,作为研究污染物在多孔介质热力迁移的实验装置。实验采用温度传感器和数码成像装置记录污染物在扩散迁移过程中温度变化情况和迁移锋面。

5.1.1 实验目的

实验采用石英砂作为多孔介质,水和白油作为液相代表。搭建埋地输油管道泄漏污染物热力迁移实验装置的目的在于:

(1)采用单一变量控制法进行多组实验,比较污染物在多孔介质中迁移的影响因素,主要包括泄漏污染物的温度、多孔介质的孔隙率和污染物性质对污染物在多孔介质中扩散迁移的影响。

(2)通过二维可视化实验装置研究污染物在多孔介质中迁移的锋面速度和温度场,比较温度迁移与污染物迁移的差别,寻找两者之间的关系,确立温度作为污染物在多孔介质中扩散迁移的表征参数。

5.1.2 实验装置

输油管道污染物热力迁移二维可视化实验装置主要由5部分组成:污染物扩散实验箱、温度采集系统、污染物加热和泄漏系统以及图像采集装置,如图5.1所示。

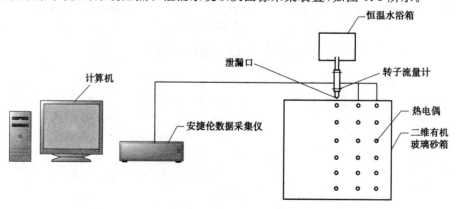

图5.1 二维可视化实验装置系统图

1. 污染物扩散实验箱

污染物扩散实验箱长 300 mm、高 300 mm、宽 80 mm，材质为透明的有机玻璃板，厚度为 6 mm，底板和侧面采用有机玻璃板焊条焊接而成。箱体正面正中央处有深度刻度表，以便观察记录污染物在迁移扩散过程中锋面在垂直方向上的迁移距离，二维实验箱体实物图如图 5.2 所示。

图 5.2　二维实验箱体实物图

2. 温度采集系统

温度采集系统主要分为采集和记录系统两部分。实验中用于采集温度的传感器为热电偶，其材质为铜-康铜，该热电偶在-35~100 ℃内的线性及一致性较好，允差值为±0.5 ℃，且其体积较小，对多孔介质本身的结构破坏较小，可以很好地满足本实验的测量条件。在实验箱体内总共分布 18 个温度传感器，其布置方式如图 5.3 所示。热电偶集中布置在箱体的一侧，在绘制整体温度场时认为另一侧与其对称。

温度传感器测定的温度通过数据采集仪记录，本实验采用安捷伦数据采集仪，如图5.4 所示，型号为 34972A。该数据采集仪通过连接不同的传感器可以测量直流电压、电阻、直流电流、热电偶以及 RTD 和热敏电阻，并且可以通过增加数据采集模块增加巡检路数，数据采集模块如图 5.5 所示，最多可以达到 60 路同时记录测量，本实验采用 20 路数据采集模块记录，对于铜-康铜热电偶的使用温度为-100~400 ℃。数据采集仪连接 PC，方便操作和数据的导出。

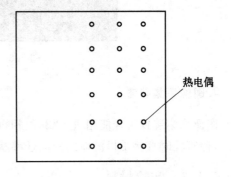

图 5.3　热电偶布置方式

图 5.4　安捷伦数据采集仪　　　　　　　　图 5.5　数据采集模块

3. 污染物加热和泄漏系统

污染物加热和泄漏系统包括两部分,第一部分为加热恒温装置,本实验采用恒温水浴箱对流体进行加热,如图 5.6 所示,温度调节范围为 $20\sim100$ ℃,并且可以保持箱体流体温度在 1 ℃以内变化。该恒温水浴箱底部有一液体流出口,流出口连接第二部分泄漏装置,其主要由泄漏流量控制装置和泄漏口组成。本实验中流量控制采用转子流量计,转子流量计可以通过调节浮子高度控制泄漏流量,转子流量计的另一端连接泄漏管。

图 5.6　恒温水浴箱

4. 图像采集装置

图像采集装置为佳能相机 SX30。相机配以支架固定,在实验前调节好距箱体距离和高度,待实验时直接拍摄流体的锋面迁移状况。

5.1.3　实验材料

1. 多孔介质

本实验采用石英砂堆积作为多孔介质,经过不同粒径的筛网过滤,总共采用 4 种粒径的石英砂作为实验用砂,所用石英砂均采用水反复洗涤至其内部粉尘消失,如图 5.7 所示。

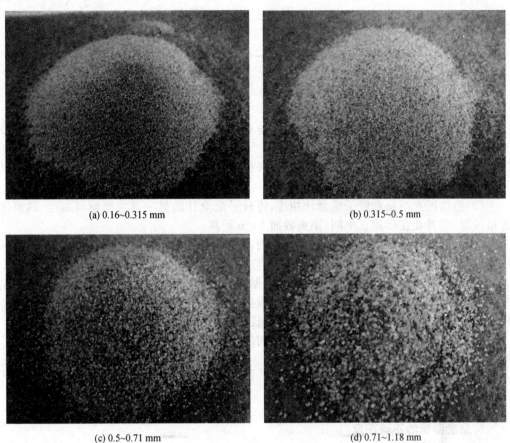

(a) 0.16~0.315 mm

(b) 0.315~0.5 mm

(c) 0.5~0.71 mm

(d) 0.71~1.18 mm

图 5.7　实验用石英砂

实验采用排水法和比重法测定了各粒径下砂介质的密度和在自然堆积下的孔隙率,其测量结果见表 5.1。

表 5.1　砂介质密度和孔隙率

粒径/mm	密度/$(g \cdot cm^{-3})$	孔隙率/%
0.16~0.315	1.93	26
0.315~0.5	2.04	28
0.5~0.71	2.14	30
0.71~1.18	2.28	34

2. 实验用流体

本实验采用水和白油作为模拟泄漏污染物的流体,其主要参数见表 5.2。

表 5.2　流体介质物性参数表

项目	40 ℃运动黏度 /(mPa·s)	60 ℃运动黏度 /(mPa·s)	80 ℃运动黏度 /(mPa·s)	密度/(kg·m⁻³)
水	0.659	0.478	0.365	983
白油	32.2	20.8	16.4	870

5.1.4　实验步骤

(1)分层填埋砂箱,每 50 mm 一层,每层布置 3 个热电偶,然后继续铺下一层砂子,直至装满,共布置 18 个热电偶。

(2)向恒温水浴箱内填充待用液体,打开恒温水浴箱开关,调节至所需温度,让其自动加热。

(3)将恒温水浴箱和转子流量计相连,将转子流量计的另一端与泄漏口相连,调整泄漏口位置,使其处在砂箱正中间,距离砂面 1 cm 距离。

(4)打开安捷伦数据采集仪,记录箱体内的初始温度场。调整好数码相机位置,使其可以拍摄到整个测试表面。

(5)待恒温水浴箱内的温度加热至所需温度后,调节转子流量计控制阀门至所需流量处,开始泄漏实验。用秒表记录泄漏时间,数据采集仪记录温度变化,用数码相机记录流体扩散迁移图像,根据标尺记录流体随时间迁移的距离。

(6)实验完毕后,关闭转子流量计控制阀门,关闭恒温水浴箱开关,取出箱体内砂子,清洗砂箱以备下次实验。

5.1.5　不确定度分析

1.温度测量的不确定度

由分析测量方法可知,对温度测量不确定度影响显著的因素主要有:测量重复性引起的不确定度 u_1,热电偶本身准确度造成的不确定度 u_2。

测量重复性引起的不确定度采用 A 类评定方法。将热电偶放入 0 ℃冰水混合物中,对每个热电偶重复测量 10 个数据进行计算。

测量结果的平均值:

$$\bar{F} = \sum_{i=1}^{10} F_i / 10 \tag{5.1}$$

标准差:

$$\sigma = \sqrt{\frac{\sum\limits_{i=1}^{10} (F_i - \bar{F})^2}{9}} \tag{5.2}$$

式中　F_i——第 i 次测量值;

　　　$\bar{F}$——算术平均值;

　　　σ——标准差。

不确定度：

$$u = \frac{\sigma}{\sqrt{10}} \tag{5.3}$$

测量重复性引起的不确定度计算见表 5.3。

表 5.3　测量重复性引起的不确定度计算表

测量次数	1#温度/℃	2#温度/℃	3#温度/℃	4#温度/℃	5#温度/℃	6#温度/℃	7#温度/℃	8#温度/℃	9#温度/℃	10#温度/℃
1	0.4	0.4	0.3	0.4	0.3	0.2	0.3	0.1	0.1	0.1
2	0.5	0.5	0.4	0.5	0.4	0.3	0.5	0.3	0.2	0.3
3	0.6	0.6	0.4	0.6	0.5	0.4	0.5	0.4	0.3	0.3
4	0.7	0.7	0.5	0.7	0.6	0.5	0.6	0.4	0.4	0.4
5	0.8	0.7	0.6	0.8	0.7	0.5	0.7	0.5	0.4	0.4
6	0.6	0.5	0.4	0.5	0.5	0.4	0.5	0.3	0.2	0.3
7	0.6	0.6	0.5	0.6	0.5	0.4	0.5	0.3	0.3	0.3
8	0.7	0.6	0.5	0.6	0.6	0.4	0.6	0.4	0.3	0.3
9	0.6	0.5	0.5	0.5	0.5	0.3	0.5	0.3	0.3	0.3
10	0.7	0.7	0.6	0.7	0.7	0.5	0.6	0.4	0.4	0.4
平均值	0.6	0.6	0.5	0.6	0.5	0.4	0.5	0.3	0.3	0.3
最大值	0.8	0.7	0.6	0.8	0.7	0.5	0.7	0.5	0.4	0.4
最小值	0.4	0.4	0.3	0.4	0.3	0.2	0.3	0.1	0.1	0.1
标准差	0.115 1	0.118 4	0.097 6	0.118 0	0.117 7	0.106 9	0.110 4	0.105 3	0.107 5	0.101 3
不确定度	0.036 4	0.037 4	0.030 9	0.037 3	0.037 2	0.033 8	0.034 9	0.033 3	0.034 0	0.032 0
测量次数	11#温度/℃	12#温度/℃	13#温度/℃	14#温度/℃	15#温度/℃	16#温度/℃	17#温度/℃	18#温度/℃	19#温度/℃	20#温度/℃
1	−0.4	−0.2	−0.3	−0.1	0.1	0.2	0.1	0.1	0.1	0.0
2	−0.3	0.0	−0.1	0.0	0.2	0.2	0.2	0.2	0.1	0.1
3	−0.3	0.1	−0.1	0.1	0.2	0.2	0.2	0.2	0.2	0.2
4	−0.2	0.1	0.1	0.1	0.3	0.3	0.3	0.3	0.3	0.2
5	−0.2	−0.1	0.0	0.0	0.3	0.3	0.2	0.3	0.3	0.3
6	−0.1	0.2	−0.2	0.2	−0.1	0.3	0.3	0.3	0.3	0.3
7	−0.1	0.2	−0.2	0.2	0.0	0.2	0.2	0.3	0.3	0.2
8	−0.1	0.2	−0.1	0.2	0.2	0.3	0.3	0.3	0.3	0.3
9	−0.1	−0.1	−0.1	−0.2	0.1	0.2	0.2	0.1	0.2	−0.2
10	−0.1	0.2	0.0	0.2	0.1	0.3	0.3	0.3	0.3	0.3
平均值	−0.2	0.1	−0.1	0.1	0.1	0.2	0.2	0.2	0.2	0.2
最大值	−0.1	0.2	0.1	0.2	0.3	0.3	0.3	0.3	0.3	0.3
最小值	−0.4	−0.2	−0.3	−0.2	−0.1	0.2	0.1	0.1	0.1	−0.2
标准差	0.114 3	0.147 7	0.108 3	0.135 9	0.137 7	0.041 0	0.061 8	0.065 3	0.075 4	0.150 5
不确定度	0.036 1	0.046 7	0.034 3	0.043 0	0.043 6	0.013 0	0.019 5	0.020 6	0.023 8	0.047 6

各测点分量互不相关,相关系数为 0,因此测量重复性引起的总体不确定度为

$$u_1 = \sqrt{\sum_{i=1}^{10} u'^2_i} \qquad (5.4)$$

计算得到测量重复性引起的不确定度 $u_1 = 0.156$。

热电偶测量误差引起的不确定度采用 B 类评定方法。测量误差符合均匀分布,因此其不确定度为

$$u_2 = \frac{a}{\sqrt{3}} \qquad (5.5)$$

式中　a——热电偶测量的误差,为 $\pm 0.5 \, ℃$,计算求得 $u_2 = 0.289$。

上述不确定度分量不相关,彼此独立,故合成标准不确定度为

$$u = \sqrt{u_1^2 + u_2^2} = 0.328$$

2.流量测量的不确定度

由分析测量方法可知,对流量测量不确定度影响显著的因素主要有:测量重复性引起的不确定度 u_1,转子流量计准确度引起的不确定度 u_2。

测量重复性引起的不确定度采用 A 类评定方法。根据公式(5.1)、(5.2)、(5.3)得到 $u_1 = 0.012$。

转子流量计准确度引起的不确定度采用 B 类评定方法。测量误差符合均匀分布,根据公式(5.5)得到 $u_2 = 0.211$。

上述不确定度分量不相关,彼此独立,故其合成标准不确定度为

$$u = \sqrt{u_1^2 + u_2^2} = 0.211$$

5.2　单相介质二维迁移可视化实验

5.2.1　水介质迁移实验

用相机记录水介质在 4 种粒径砂介质中迁移的过程,其中不同时间的迁移锋面曲线如图 5.8 所示。

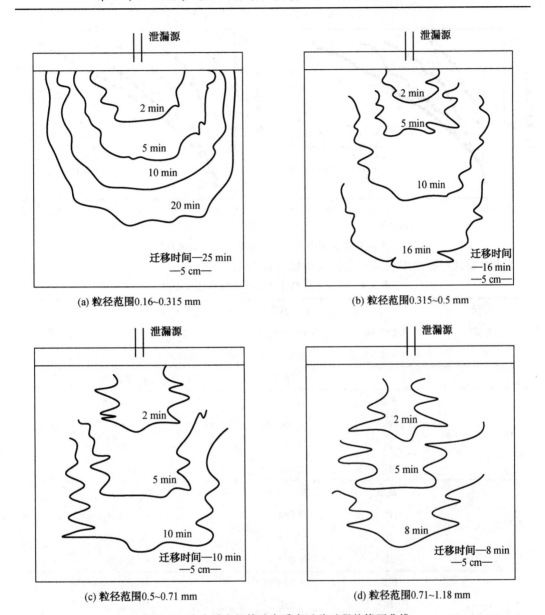

图 5.8　水介质在细筛砂介质中迁移过程的锋面曲线

　　由水介质在各粒径砂介质中迁移的过程流型图可以看出,在小粒径砂介质中的水迁移流型比大粒径砂介质中的水迁移流型规则,迁移锋面能观测到比较规则的弧形,而在粒径 0.5~0.71 mm 和 0.71~1.18 mm 的砂介质中,迁移锋面不规则,能看到不规则的枝杈型流型出现在水介质迁移过程中。

　　在水介质迁移过程中,每隔 30 s 记录一次迁移锋面的变化情况,当观测到水介质要接触到砂箱底部时停止实验,在不同粒径范围中水介质迁移锋面变化情况及拟合曲线如图 5.9 所示。

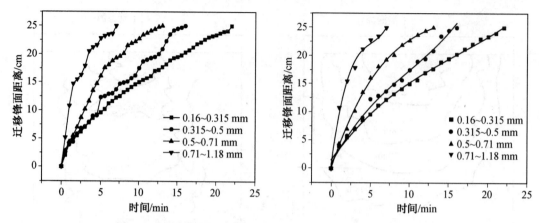

图5.9　不同粒径范围中水介质迁移锋面变化情况及拟合曲线

水介质迁移锋面多项式拟合公式参数见表5.4。

表5.4　水介质迁移锋面多项式拟合公式参数

方程		$y = 截距 + B_1 x^1 + B_2 x^2 + B_3 x^3$		
方差	6.283 86	10.552 06	3.795 89	8.933 06
R^2	0.996 57	0.992 71	0.997 1	0.984 75
		数值	标准误差	
	截距	1.501 99	0.215 26	
0.16~0.315 mm	B_1	1.959 71	0.085 7	
	B_2	−0.073 62	0.009 1	
	B_3	0.001 52	0.000 27	
	截距	0.798 57	0.376 48	
0.315~0.5 mm	B_1	2.638 53	0.206 95	
	B_2	−0.146 88	0.030 32	
	B_3	0.004 99	0.001 24	
	截距	0.078·27	0.273 87	
0.5~0.71 mm	B_1	4.219 33	0.185 95	
	B_2	−0.248 44	0.033 61	
	B_3	0.005 47	0.001 7	
	截距	0.593 86	0.739 22	
0.71~1.18 mm	B_1	10.963 24	0.947 49	
	B_2	−1.983 94	0.321 22	
	B_3	0.131 15	0.030 12	

　　由水介质在砂介质中迁移距离随时间变化情况可以看出,水介质在各种不同粒径砂介质中的实验时间逐渐缩短,分别为 23 min、20 min、15 min、7 min,并且在 0.16~

0.315 mm砂介质中迁移过程锋面曲线最平稳,前两种粒径的迁移曲线均可近似成一条直线,将迁移曲线用多项式进行拟合,相关系数 R^2 均大于 0.98。

根据上面实验中水介质在不同粒径砂介质中的迁移锋面变化情况曲线,可以用软件绘制出水介质在不同粒径砂介质中迁移过程锋面的速率变化图,结果如图 5.10 所示。

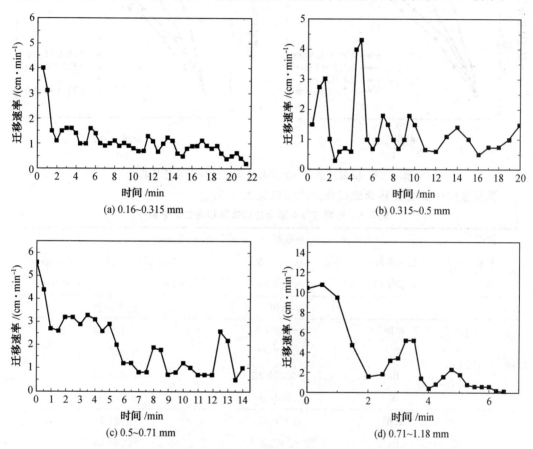

图 5.10　水介质在各粒径砂介质中迁移过程锋面的速率变化图

从水介质在各粒径砂介质中的迁移速率的变化情况,我们知道在点源泄漏中,0.16～0.315 mm 砂介质中开始 2 min 迁移速率较高,平均为 2.5 cm/min 左右,在这之后,在1 cm/min上下波动;在 0.315～0.5 mm 砂介质中,在前 6 min 出现比较大的波动,波动范围为 0.3～4.2 cm/min,之后锋面的迁移速率维持在 1～2 cm/min;而在 0.5～0.71 mm砂介质范围内,锋面的迁移速率开始最高达到 5.6 cm/min,之后一段时间中维持在3 cm/min左右,在 6 min 之后锋面迁移速率发生下滑,在 1～2 cm/min 之间进行波动;在0.71～1.18 mm 砂介质范围内,锋面的迁移速率起伏较大,在实验观测中也发现了迁移锋面的跃迁现象,迁移速率最大可达 11 cm/min,而最低的时候接近于 0。

根据在多孔介质可视化迁移规律实验装置中数据采集器采集到的数据,主要选用砂箱中泄漏点垂直方向上各点的监测情况,将在不同粒径中温度点的改变时间绘制成曲线,如图 5.11 所示。

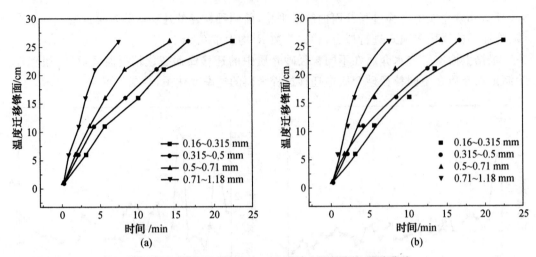

图 5.11　泄漏过程中温度迁移锋面变化情况及迁移曲线

泄漏过程中温度迁移锋面拟合公式参数见表 5.5。

表 5.5　泄漏过程中温度迁移锋面拟合公式参数

方程		$y = 截距 + B_1 x + B_2 x^2 + B_3 x^3$		
方差	1.765 86	0.327 18	0.325 36	0.252 84
R^2	0.986 41	0.995 95	0.993 79	0.982 36
		数值	标准误差	
0.16~0.315 mm	截距	−0.691 5	1.210 65	
	B_1	0.847 07	0.428 71	
	B_2	−0.039 13	0.038 32	
	B_3	0.001 56	0.000 93	
0.315~0.5 mm	截距	0.278 07	0.521 12	
	B_1	0.063 2	0.184 54	
	B_2	0.035 86	0.016 49	
	B_3	-5.36×10^{-4}	0.000 4	
0.5~0.71 mm	截距	−0.519 77	0.519 67	
	B_1	0.570 72	0.184 02	
	B_2	−0.031 79	0.016 45	
	B_3	0.001 21	0.000 4	
0.71~1.18 mm	截距	−0.165 81	0.458 11	
	B_1	0.300 82	0.162 22	
	B_2	−0.016 45	0.014 5	
	B_3	6.23×10^{-4}	0.000 35	

当测试点温度上升 0.3 ℃时,认为温度迁移到这个点,在温度迁移距离拟合曲线中,我们可以看到曲线的弧度比较小,假设使温度改变的热源只有 40 ℃的水介质,与图 5.9 相比较,能看到温度锋面迁移曲线与实际水介质迁移锋面曲线十分一致,从温度锋面迁移变化情况计算温度的迁移速率变化情况,结果如图 5.12 所示。

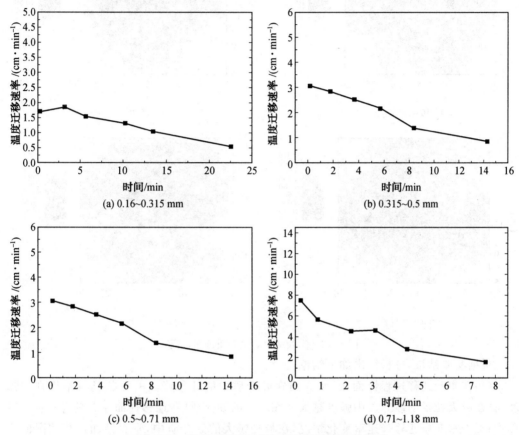

图 5.12　泄漏过程中温度迁移锋面速率变化情况

虽然环境温度和介质材料是一样的,但可以发现温度的迁移速率差距较大,在 0.5 mm 粒径以下的两个实验中,温度的迁移速率主要维持在 1.5 cm/min 左右,而在 0.5 mm 以上的大粒径实验中,温度的迁移速率最高可达到 7.5 cm/min,随粒径的改变,温度迁移速率变化较大。

在实验停止后,采用重量法测量含水率分布情况,当迁移锋面到达实验箱底部后,将实验箱表面有机玻璃打开,横向每隔 5 cm,竖向每隔 5 cm 取样,每个实验共取 14 个土样,采用重量法测量砂样的含水率,最终结果如图 5.13 所示,由图中含水率的分布可见,水介质在砂介质中最终呈现中间含水率大,向四周逐渐变小,在小粒径中,由于孔隙度小和泄漏时间长,含水率比较均匀地分布在二维砂箱中,且含水率最大值随粒径变大逐渐变小,并且发现在较大的粒径实验中,相同深度的砂介质中含水率变化幅度较小粒径实验的大,各实验的砂介质含水率总体从点源垂线逐渐降低。

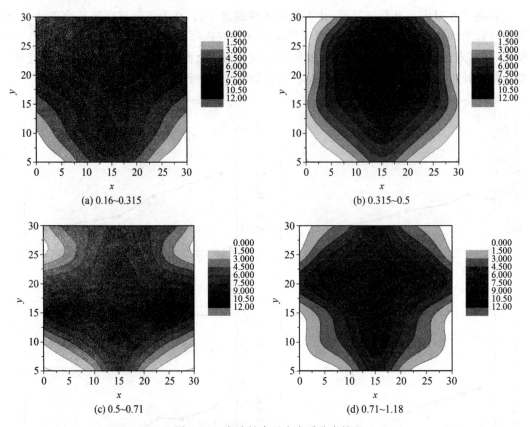

(a) 0.16~0.315　　　　　　　　　　(b) 0.315~0.5

(c) 0.5~0.71　　　　　　　　　　(d) 0.71~1.18

图 5.13　实验结束后水介质分布情况

根据实验结果,分析得出如下结论:

(1)在实验迁移过程锋面中,水介质在砂介质中的迁移锋面的形状具有不规则的弧度,且在越大粒径的砂介质中弧度越大。在均一的砂介质中,迁移锋面左右具有一定的对称性;根据水介质迁移锋速率变化情况,在粒径越大的砂介质中,垂直锋面迁移情况曲线的斜率越大,多项式方程拟合结果 R^2 均大于 0.98,从小到大的 4 个粒径区间中,平均速率分别为 1 cm/min、1.5 cm/min、3 cm/min 和 5.5 cm/min。

(2)根据温度监测变化结果,不同粒径中温度的迁移速率明显不同,在粒径小的砂介质中温度迁移速率要比粒径大的砂介质小,如果将不同粒径中温度垂向迁移变化情况的曲线与锋面迁移距离变化情况的曲线进行对比,可以发现,温度迁移变化情况与锋面迁移变化情况曲线具有非常高的相似度,表明在这个实验中温度迁移速率与锋面迁移速率随时间变化大致相同,迁移速率变化情况与实际水的迁移速率变化情况也大致相似,从小到大 4 种粒径区间中,温度平均迁移速率分别为 1.25 cm/min、1.75 cm/min、2 cm/min、5 cm/min,可认为在砂介质表面点源泄漏中,砂介质内部温度的变化与污染物迁移情况具有相关性,可以用温度一定程度上反映污染物的迁移情况。

(3)在实验结束后水介质的分布情况图中,可以发现在不同的粒径砂介质中心位置都含有一个高含水率的区域,并且高含水率区域到表面的距离随粒径增大而加大,含水率分布主要以中间向四周逐渐递减;含水率最大值随粒径变大逐渐变小,并且发现在大粒径实验中,相同深度的砂介质中含水率变化幅度较小粒径实验的大。

5.2.2　油介质迁移实验

油介质迁移实验与水迁移的操作过程基本相同,由于白油的迁移缓慢,在研究短时间泄漏情况下,迁移距离小,所以没有在白油二维实验中继续对温度迁移进行探讨,仅对砂介质中白油迁移影响进行研究。

通过恒温水浴箱将加热的白油流入到有机玻璃二维砂箱中,仍控制泄漏流量为 1.1 mL/s,每次实验完成后更换内部的砂介质,分别采用 0.16～0.315 mm、0.315～0.5 mm、0.5～0.71 mm、0.71～1.18 mm 这 4 个粒径范围,最终将各时间点的迁移锋面绘制成迁移过程流型图,并根据流型图中的迁移锋面,绘制迁移距离随时间的变化曲线,并得出实验过程中流体的迁移速率变化情况,由于主要研究在短时间内点源的泄漏情况,白油迁移实验中,以 30 min 为实验停止时间,用相机记录每次实验白油锋面变化情况,取其中 30 s、2 min、5 min、15 min、30 min 的白油锋面迁移情况绘制成图 5.14。

从白油在砂介质中迁移状况可以看出,在相同时间内,白油在不同粒径中的迁移情况大不相同,最终迁移距离随粒径的增大而增大,且增长变化大;在点源泄漏过程中,砂介质表面均有油面形成,且油面不断上升,表现了白油相比于水的渗透性差很多。

在白油迁移过程中,开始每隔 30 s 记录一次迁移锋面的变化情况,10 min 后每隔 3 min 记录一次迁移锋面变化情况,每次当泄漏 30 min 后即停止实验,在不同粒径中白油迁移锋面迁移变化情况拟合曲线如图 5.15 所示。

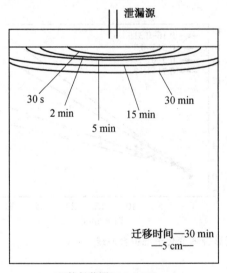

(a) 粒径范围0.16~0.315 mm

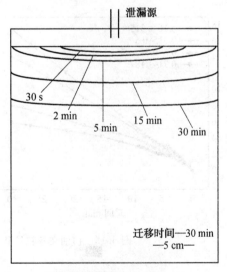

(b) 粒径范围0.315~0.5 mm

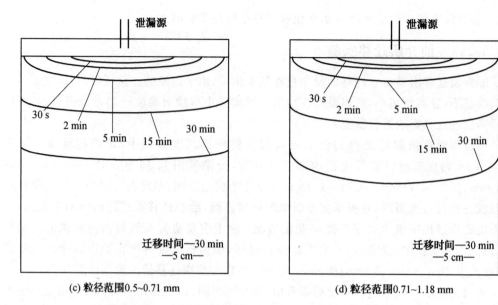

(c) 粒径范围0.5~0.71 mm　　　　　　(d) 粒径范围0.71~1.18 mm

图 5.14　白油在各粒径砂介质中迁移过程流型图

由白油在砂介质中迁移距离随时间变化情况可以看出，白油在各种不同粒径的实验时间内迁移距离逐渐增加，分别为 6 cm、8 cm、14 cm、18 cm。

用软件求出白油迁移过程锋面的变化速率，比较白油在不同粒径砂介质中的下渗速度变化情况，结果如图 5.16 所示。

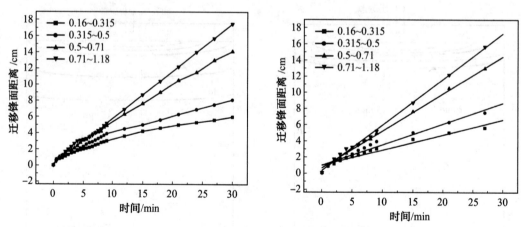

图 5.15　白油在各粒径砂介质中迁移锋面变化情况拟合曲线

白油在各粒径砂介质中迁移拟合曲线参数见表 5.6。

表 5.6 白油在各粒径砂介质中迁移拟合曲线参数

方程			$y = a + bx$		
方差		2.849 05	4.007 13	0.857 33	1.354 96
R^2		0.955 1	0.965 98	0.997 66	0.997 55
		数值		标准误差	
0.16~0.315 mm	截距	0.944 75		0.099 38	
	斜率	0.188 11		0.008 15	
0.315~0.5 mm	截距	0.922 3		0.117 87	
	斜率	0.257 72		0.009 67	
0.5~0.71 mm	截距	0.602 98		0.054 52	
	斜率	0.461 17		0.004 47	
0.71~1.18 mm	截距	0.294 9		0.068 54	
	斜率	0.566 59		0.005 62	

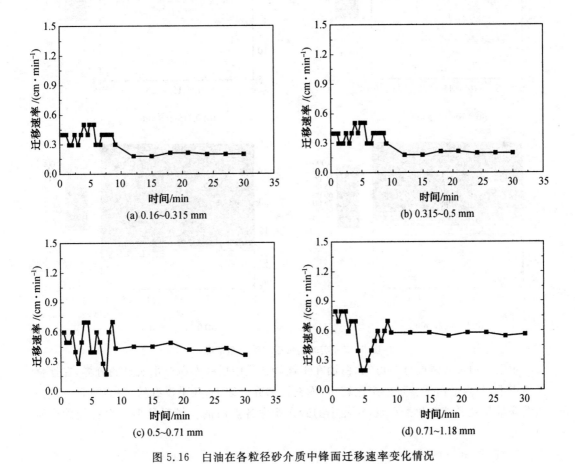

图 5.16 白油在各粒径砂介质中锋面迁移速率变化情况

由白油在各粒径砂介质中迁移锋面变化速率可以看出,在 0.16～0.315 mm 粒径中,在 10 min 以内,白油的迁移速率主要维持在 0.2～0.3 cm/min,之后逐渐降到 0.1 cm/min;在 0.315～0.5 mm 粒径中,在 10 min 以内,白油的迁移速率主要维持在 0.3～0.4 cm/min,之后逐渐降到 0.25 cm/min;在 0.5～0.71 mm 粒径中,白油的迁移速率始终在 0.45 cm/min 左右波动,10 min 稳定后迁移速率也在 0.3 cm/min 以上;在 0.71～1.18 mm 粒径中,白油的迁移速率在开始 10 min 内波动较大,主要维持在 0.6 cm/min,之后趋于稳定,维持在 0.6 cm/min,总体来看,白油迁移速率未出现明显降低,说明在干燥砂介质中的短时间泄漏,白油的迁移速率不发生较大改变。

在实验停止泄漏后,将实验箱表面有机玻璃打开,横向每隔 5 cm,竖向每隔 5 cm 取样,当实验迁移距离较小时适当减小竖向间隔,然后采用重量法测量砂样的油浓度,统一采用 mg/g 作为测量单位,再用软件将各点白油含量绘制成分布图,最终结果如图 5.17 所示。

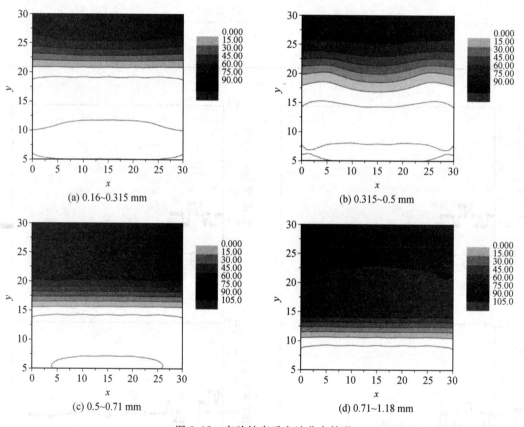

图 5.17　实验结束后白油分布情况

由图中白油含量的分布可知,白油在干燥砂介质中迁移界面有很明显的分界,在迁移界面以上,各点的白油含量差距比较小,而在迁移界面以下,几乎没有检出白油;且各点白油的含量与粒径具有紧密联系,粒径小的砂介质中各点白油含量明显多于大粒径砂介质中各点白油含量。

(1)在 30 min 内,0.16～0.315 mm 粒径中的白油迁移了 6 cm;0.315～0.5 mm 粒径

中的白油迁移了 8 cm；0.5～0.71 mm 粒径中的白油迁移了 14 cm；0.71～1.18 mm 粒径中白油迁移了 17 cm。由此可见，白油在砂介质中的迁移距离随砂介质粒径的增加而增大，且在实验 30 min 内增长曲线成直线，并未出现迁移速率变缓的情况，说明白油具有很强的继续迁移能力，具体情况将在地下输油管道泄漏实验中继续进行探讨。

（2）从各粒径范围内的速率变化情况看，在干燥的砂介质中，迁移过程的速率基本平稳，根据粒径从小到大的顺序，分别集中在 0.2 cm/min、0.3～0.4 cm/min、0.4～0.5 cm/min、0.5～0.7 cm/min。

（3）将干燥砂介质中白油的迁移速率变化与干燥砂介质中的水迁移速率变化进行比较，能看出两者的速率变化趋势有明显不同，砂介质中水迁移的速率有明显下降的趋势，而砂介质中白油的迁移速率大部分时间维持在比较恒定的数值上。分析其原因，这主要是由于干燥砂介质中水介质迁移迅速，而白油迁移缓慢，在泄漏量相同的条件下，白油会在砂介质表面形成无法下渗的积液面，在实验砂箱中，白油的泄漏量大于白油的渗透量。

（4）将干燥砂介质中白油的迁移图形与水的迁移图形进行比较，可以看出水的迁移图形十分不规则，粒径越大，迁移越不规则，没有明显规则的迁移界面，而白油的迁移过程中，在任意粒径中的迁移锋面都较规则。

（5）由图中白油含量的分布可知，白油在干燥砂介质中迁移界面有很明显的分界。在迁移界面以上，各点的白油含量差距比较小，而在迁移界面以下，几乎没有检出；且各点白油的含量与粒径有紧密联系，粒径小的砂介质中各点白油含量明显多于大粒径砂介质中各点白油含量。

5.3　泄漏污染物热质迁移影响因素分析

污染物在多孔介质中迁移受到多孔介质孔隙率、污染物温度和污染物类型的影响。通过二维可视化实验对各因素的影响状况进行分析，得出各因素对于污染物在多孔介质中扩散迁移的影响规律。

5.3.1　孔隙率的影响

对于石英砂来说，渗透系数与孔隙率有一定的关系，即孔隙率会影响污染物在多孔介质中的扩散迁移。为了研究孔隙率对于污染物热力迁移的影响，实验采用 40 ℃ 的水相流体作为污染物，采用石英砂作为多孔介质材料，通过更换不同粒径的石英砂改变多孔介质的孔隙率进行污染物迁移实验。

1. 污染物泄漏初期

从图 5.18(a) 中可以看出，在孔隙率为 0.26，泄漏时间 300 s 时，可以看出温度场的形状以泄漏处为圆心呈现半圆形，其水平迁移距离与垂直迁移距离相差较小。从图 5.18(b) 中可知，在孔隙率为 0.28，泄漏时间经过 300 s 时，温度场的形状较孔隙率为 0.26 时有所变化，温度场形状虽然仍有半圆形趋势，但是其圆心下移，在垂直方向迁移的距离大于水平方向。从图 5.18(c) 中可以出，在孔隙率为 0.30，泄漏时间经过 240 s 时，所形成温度场的形状变得扁平，垂直方向迁移的距离明显大于水平方向，且其最高温度有所降低。从图 5.18(d)中可以看出，当孔隙率为 0.34，泄漏时间经过 120 s 时，温度场在垂直方向上迁移的距离就已经超过了其他 3 个孔隙率下的迁移距离，温度场内部的最高温度较孔隙率为 0.30 时下降得更多。

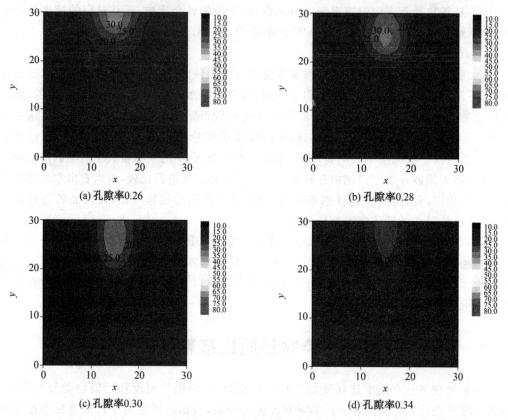

(a) 孔隙率0.26　　　　　　　　　　　(b) 孔隙率0.28

(c) 孔隙率0.30　　　　　　　　　　　(d) 孔隙率0.34

图 5.18　泄漏初期温度场

从图 5.19(a)中可以看出，在孔隙率为 0.26，泄漏时间经过 300 s 时，水相分布图形与温度场分布图形较相似，都是以泄漏点为圆心的半圆形，水平与垂直方向上的迁移距离不大。从图 5.19(b)中可以看出，在孔隙率为 0.28，泄漏时间经过 300 s 时，水相分布形状并不规则，水相迁移锋面边界也不如小孔隙率时圆润。从图 5.19(c)中可以看出，在孔隙率为 0.30，泄漏时间经过 240 s 时，水相分布开始出现指进现象，即流体在多孔介质中迁移时表现出某一方向迁移距离特别突出的现象。同时可以看出，水相污染物在迁移过程中垂直距离大于水平距离。从图 5.19(d)中可以看出，当孔隙率为 0.34，泄漏时间经过 120 s时，污染物向下迁移的速度很快，已经超过了小孔隙在 300 s 时达到的深度，且其指进现象更加明显。

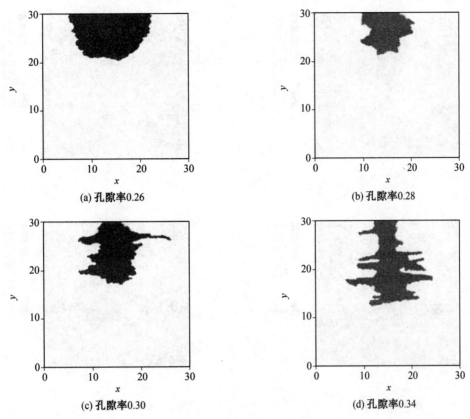

(a) 孔隙率0.26

(b) 孔隙率0.28

(c) 孔隙率0.30

(d) 孔隙率0.34

图 5.19　泄漏初期水相分布

2. 污染物泄漏中期

从图 5.20(a)中可以看出,在孔隙率为 0.26,泄漏时间经过 600 s 时,温度场的扩散沿着 300 s 时的温度场边界继续扩大,在垂直方向的距离与水平方向上的迁移距离相差较小,整体呈现为锥形。从图 5.20(b)中可以看出,在孔隙率为 0.28,泄漏时间经过 600 s 时,温度场边界在垂直方向的迁移距离更远。从图 5.20(c)中可以看出,在孔隙率为 0.30,泄漏时间经过 480 s 时,其迁移距离已经大大超过小孔隙时的距离,且在垂直方向的速度远大于水平方向。在图 5.20(d)中可以看出,当孔隙率为 0.34,泄漏时间经过 240 s 时,温度场图形变得扁平,温度场内部温度与小孔隙率时相比较低。

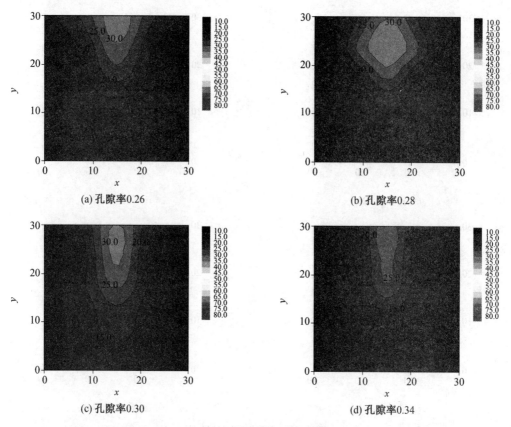

图 5.20　泄漏中期温度场

从图 5.21(a)中可以看出,在孔隙率为 0.26,泄漏时间经过 600 s 时,水相分布图沿着泄漏初期的图形继续扩大,垂直方向的迁移距离与水平方向的迁移距离相差不大。从图 5.21(b)中可以看出,在孔隙率为 0.28,泄漏时间经过 600 s 时,水相分布图在垂直方向继续向下扩散,指进部分的区域沿着原有轨迹继续迁移,但在水平方向迁移的距离有限。从图 5.21(c)中可以看出,在孔隙率为 0.30,泄漏时间经过 480 s 时,水相污染物在迁移过程中的指进现象十分明显。从图 5.21(d)中可以看出,当孔隙率为 0.34,泄漏时间经过 240 s 时,水相污染物向下迁移的速度依然较快,已经接近箱体底部。

(a) 孔隙率0.26

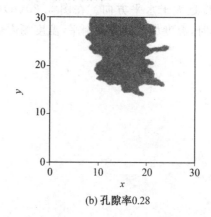

(b) 孔隙率0.28

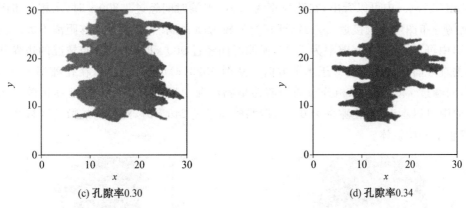

(c) 孔隙率0.30　　　　　　　　　　(d) 孔隙率0.34

图 5.21　泄漏中期水相分布

3.污染物泄漏后期

从图 5.22(a)中可以看出,在孔隙率为 0.26,泄漏时间经过 1 200 s 时,温度影响区域已经扩散至整个箱体。从图 5.22(b)中可以看出,在孔隙率为 0.28,泄漏时间经过 900 s 时,温度场的形状较孔隙率为 0.26 时有所变窄。从图 5.22(c)中可以看出,在孔隙率为 0.30,泄漏时间经过 720 s 时,温度场变得更加扁平,垂直方向迁移的距离更深。从图 5.22(d)中可以看出,当孔隙率为 0.34,泄漏时间经过 240 s 时,垂直方向迁移距离变大,水平方向距离基本没有变化,温度场内部的最高温度略有升高。

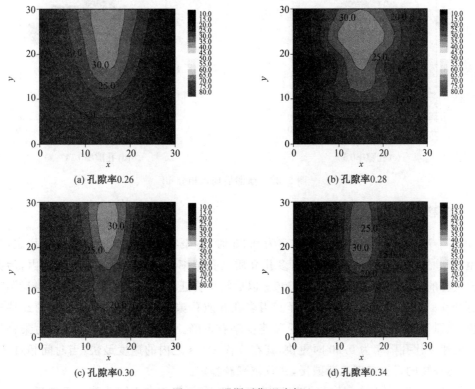

(a) 孔隙率0.26　　　　　　　　　　(b) 孔隙率0.28

(c) 孔隙率0.30　　　　　　　　　　(d) 孔隙率0.34

图 5.22　泄漏后期温度场

从图 5.23(a)中可以看出,在孔隙率为 0.26,泄漏时间经过 1 200 s 时,水相分布图形与温度场分布图形比较接近,污染物迁移边界较为圆润,水平与垂直迁移距离不大。从图 5.23(b)中可以看出,在孔隙率为 0.28,泄漏时间经过 900 s 时,水相分布情况的边界并不规则,垂直方向迁移的距离大于水平方向。从图 5.23(c)中可以看出,在孔隙率为 0.30,泄漏时间经过 720 s 时,水相分布图沿着污染物泄漏中期时的迁移边界继续扩散。从图 5.23(d)中可以看出,当孔隙率为 0.34,泄漏时间经过 240 s 时,污染物扩散的区域几乎已经充满整个实验箱体。

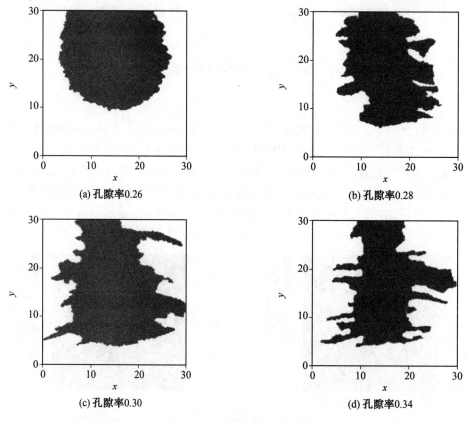

(a) 孔隙率0.26

(b) 孔隙率0.28

(c) 孔隙率0.30

(d) 孔隙率0.34

图 5.23　泄漏后期水相分布

4. 迁移距离分析

从图 5.24 中可以看出,当孔隙率为 0.26 时,污染物迁移扩散的速度比较稳定,其迁移距离和时间的线性关系较好。当多孔介质的孔隙率为 0.28 时,在前 300 s 内,污染物扩散迁移的速度线性关系较好,在 300 s 以后污染物迁移速度有一定的波动,当泄漏时间超过 800 s 以后,迁移速度逐渐下降。当多孔介质孔隙率为 0.30 时,污染物的迁移速度较快,在泄漏时间超过 500 s 以后迁移速度略有下降。在孔隙率为 0.34 时,污染物扩散迁移的速度比孔隙率为 0.30 时更快,其在迁移 200 s 之内的速度最快,当时间超过 200 s 以后,污染物的迁移速度逐渐减慢,并且越来越稳定。

从以上分析可知,在污染物温度相同的条件下,污染物在不同孔隙率下的迁移速度不

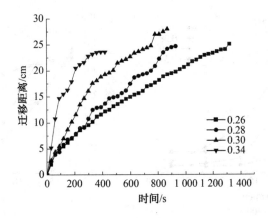

图 5.24　不同孔隙率流体迁移

同。在前 100 s 之内,污染物在孔隙率为 0.26、0.28、0.30 时的迁移速度相差不大,污染物在孔隙率为 0.34 时迁移速度则较快。随着泄漏时间的增长,不同孔隙率下污染物的迁移速度差异逐渐变大。孔隙率越大,污染物的迁移速度越快,且在孔隙率大于 0.26 以后,污染物的迁移速度呈现不稳定性,当泄漏距离达到一定深度以后迁移速度逐渐下降并开始稳定。

　　图 5.25(a)是不同孔隙率下二维实验的初始温度,受环境因素所致,孔隙率 0.26 下砂子的整体温度较高,但是砂箱内部温度基本恒定在一个稳定的数值,温度场比较均一。从图 5.25(b)中我们可以看出,在迁移距离超过 17 cm 处,各孔隙率下的温度都比较稳定,与各孔隙率下的初始温度相差不大,说明在 120 s 时,温度没有迁移到更远的距离。从图 5.25(c)、(d)、(e)中可以看出,随着泄漏时间的不断增加,流体温度扩散范围也不断加大,而且随着孔隙率增大,其迁移扩散距离也越来越大。在相同时间下,大孔隙率下温度迁移的速度会发生先慢后快的现象,这是由于大孔隙率下流体迁移速度快,其与周围的砂子接触更多,换热更多,导致其温升速度小于同时间内小孔隙率的情形,之后随着流体的不断向下迁移,周围砂子已得到足够的换热量,其温升速率逐渐提升。

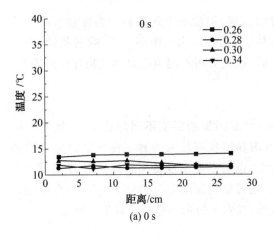

(a) 0 s

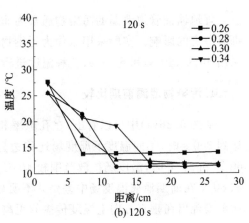

(b) 120 s

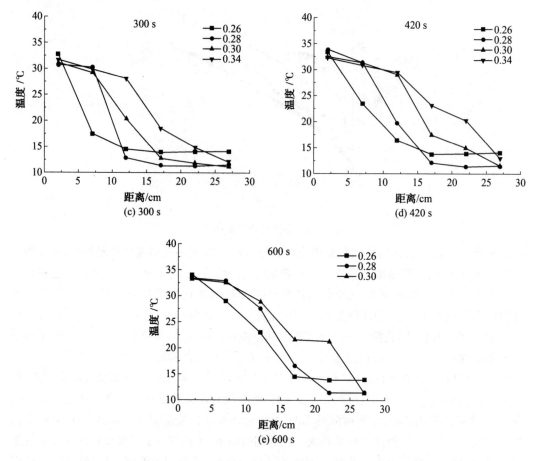

图 5.25　不同孔隙下温度随迁移深度变化曲线

5.3.2　温度的影响

埋地输油管道泄漏的污染物通常为非常温流体,温度对于污染物的黏度和多孔介质都有一定的影响。实验采用水作为污染物流体,多孔介质为孔隙率 0.26 的石英砂,分别采用 40 ℃、60 ℃和 80 ℃共 3 种温度进行实验,比较分析不同温度对污染物迁移的影响。

1.污染物泄漏前期比较

从图 5.26(a)中可以看出,在孔隙率相同,泄漏污染物温度不同的情况下,泄漏时间达到 300 s 时,不同温度下温度场迁移边界范围和形状有较大差异。在污染物温度达到 60 ℃和 80 ℃时,温度场扩散范围较 40 ℃时大,也就是说温度传播距离更远,其中 60 ℃和 80 ℃在前期泄漏温度场中差别并不明显。在污染物温度为 60 ℃和 80 ℃时,温度场形状都表现出在垂直方向上温度传播的距离较远,在水平方向传播距离较近的现象。

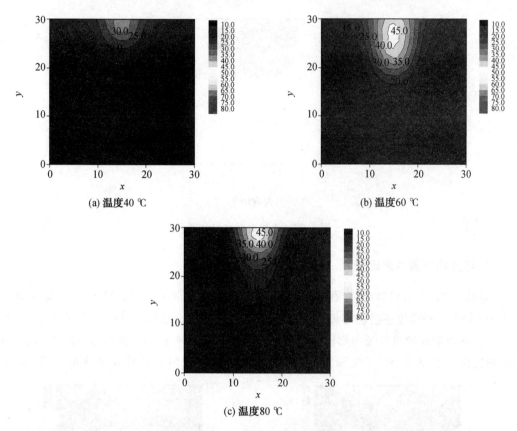

图 5.26　泄漏前期温度场

　　从图 5.27(a)中可以看出,在孔隙率相同,泄漏污染物温度不同的情况下,泄漏时间达到 300 s 时,三者的水相分布图在形状上十分接近,在垂直距离上随着污染物温度的升高,迁移距离稍远,但是并不明显,在水平方向距离差距更小。

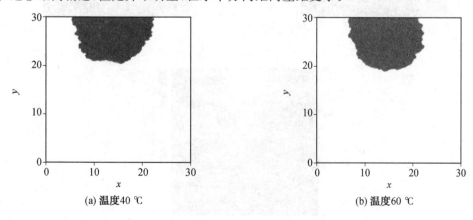

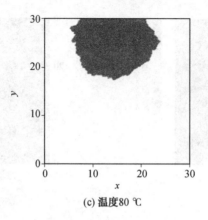

(c) 温度80 ℃

图 5.27　泄漏前期水相分布

2. 污染物泄漏中期比较

从图 5.28 中可以看出,在孔隙率相同,泄漏污染物温度不同的情况下,在泄漏时间达到 600 s 时,3 种温度下的温度场形状已经有较大的差异。从图 5.28(a)中可以看出,在40 ℃污染物形成的温度场内部温度更低,60 ℃和 80 ℃温差场边界线的迁移距离与 300 s时相比没有显著增加,可见随着泄漏时间的不断增加,温度迁移速度逐渐减慢。从图

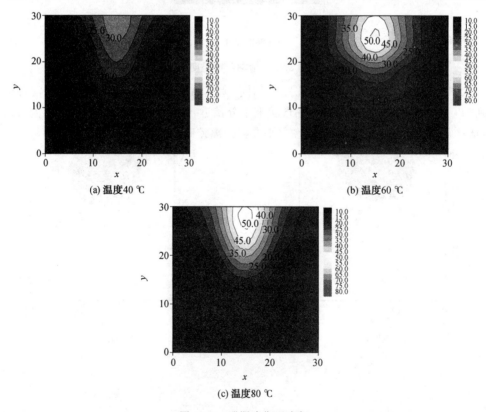

(a) 温度40 ℃　　　　　　　　　　(b) 温度60 ℃

(c) 温度80 ℃

图 5.28　泄漏中期温度场

5.28(b)和(c)中可以看出,在 80 ℃内部的温度等温线更加的密集,整体温度比 60 ℃时更高,从垂直方向迁移距离来看,两者 15 ℃等温线差距不大,污染物在 80 ℃时,其 20 ℃等温线迁移的距离更远。

从图 5.29 中可以看出,在孔隙率相同,泄漏污染物温度不同的情况下,在泄漏时间达到 600 s 时,不同温度下的水相分布图仍然按照原有的形状继续扩大,在整体形状上没有太大的变化,在垂直迁移距离方面,随着温度的升高迁移距离有所变大,与 300 s 时迁移的距离相比更加明显。

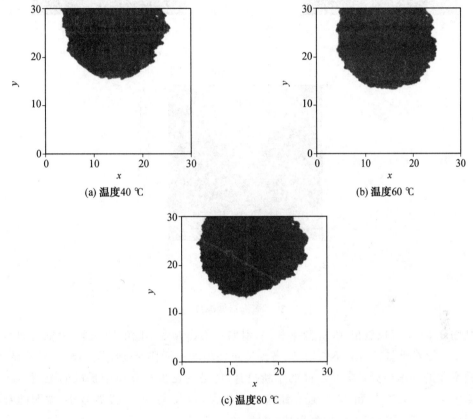

(a) 温度40 ℃　　　　　　　　(b) 温度60 ℃

(c) 温度80 ℃

图 5.29　泄漏中期水相分布

3.污染物泄漏后期比较

从图 5.30 中可以看出,在孔隙率相同,泄漏污染物温度不同的情况下,泄漏时间达到 1 200 s 时,40 ℃污染物的温度场图形边界的距离已经与 60 ℃和 80 ℃十分接近,说明随着泄漏时间不断增加,实验箱体内温度不断上升,热量传递已逐渐均衡。从图 5.30(b)和 (c)中可以看出,高温污染物在多孔介质中形成的温度场内部温度较高,且随着泄漏污染物温度的升高而升高,在 80 ℃时温度迁移边界较 60 ℃时更远。

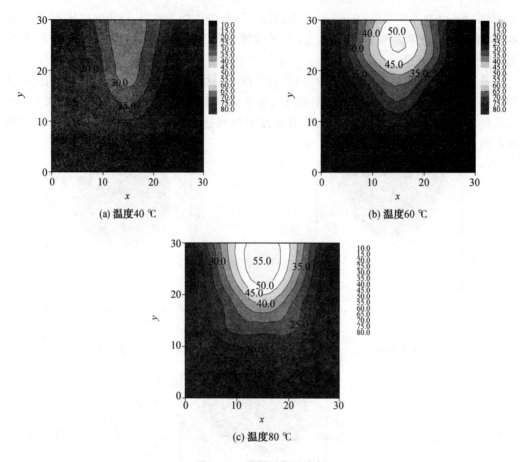

图 5.30 泄漏后期温度场

从图 5.31 中可以看出,在孔隙率相同,泄漏污染物温度不同的情况下,泄漏时间达到 1 200 s 时,随着泄漏时间的不断增加,各温度下污染物的迁移速度差距逐渐变得明显,迁移距离变化的基本趋势是随着温度的不断提升,污染物在多孔介质中扩散的距离不断变远。其中 40 ℃ 与 60 ℃ 和 80 ℃ 迁移距离之差稍大,60 ℃ 与 80 ℃ 差距较小,说明随着污染物温度的升高,污染物迁移速度更快。

(a) 温度40 ℃

(b) 温度60 ℃

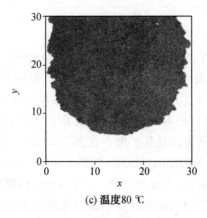

(c) 温度80 ℃

图 5.31　泄漏后期水相分布

4. 影响分析

从图 5.32 可以看出,在孔隙率为 0.26 的情况下,污染物的迁移距离与时间基本呈线性关系,在泄漏前 300 s 之内,3 种温度下的污染物迁移速度基本相同,在泄漏时间超过 300 s 以后,迁移速度逐渐开始变化,其中在泄漏污染物温度为 60 ℃ 的情况下,其扩散迁移速度逐渐快于 40 ℃。这是因为在 40 ℃ 时水的运动黏度为 0.659×10^{-6} m²/s,在 60 ℃ 时黏度为 0.478×10^{-6} m²/s,此时流动主要受到黏度的影响,黏度减小,污染物迁移速度增大;当污染物的温度继续升高达到 80 ℃,污染物的黏度为 0.365×10^{-6} m²/s,其黏度进一步减小,污染物扩散迁移的速度更加快。综上我们可以得出,在相同孔隙率、污染物和流速的情况下,污染物在多孔介质中的迁移速度随污染物温度的升高而加快。

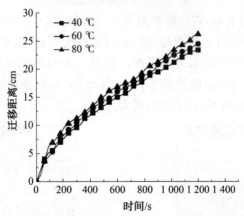

图 5.32　相同孔隙率不同温度下的迁移距离随时间变化曲线

5.3.3　污染物种类的影响

泄漏污染物的黏度、密度等性质不同会对污染物在多孔介质中的迁移造成影响,为了研究这种影响,本组实验采用白油和水两种不同的污染物进行泄漏污染物迁移实验,比较在孔隙率为 0.26 和 0.34 条件下油水污染物迁移的不同,污染物温度均为 40 ℃。

1.污染物泄漏前期比较

从图 5.33(a)中可以看出,在孔隙率为 0.26,泄漏时间经过 300 s 时,泄漏污染物为白油的情况下,对比图 5.18(a)发现白油在垂直方向迁移扩散的速度明显要比水慢得多,且其水平方向迁移的距离大于垂直方向,这是因为白油黏度较大,在多孔介质中迁移缓慢,随着流体的不断泄漏,在泄漏口处不断堆积,多孔介质内部压力随着深度的增加而增加,所以白油沿着阻力较小的水平方向迁移扩散。在图 5.33(b)中,在孔隙率为 0.34,泄漏时间经过 300 s 时,泄漏污染物为白油的情况下,与图 5.18(d)相比发现,在大孔隙率下白油迁移速度仍然比水相污染物缓慢,但是对比图 5.33(a)和(b)可以看出,白油在多孔介质中的迁移速度受到孔隙率的影响与水相流体的影响结果相似,即随着孔隙率的增加,在垂直方向的迁移速度明显增加,水平方向迁移速度减弱。

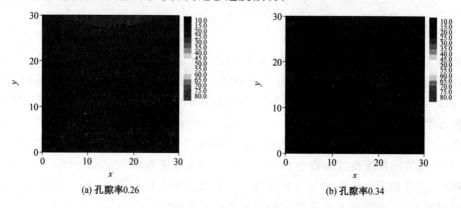

(a) 孔隙率0.26　　　　　　　　　　　　(b) 孔隙率0.34

图 5.33　泄漏前期温度场

从图 5.34(a)中可以看出,在孔隙率为 0.26,泄漏时间经过 300 s 时,泄漏污染物为白油的情况下,油相分布图的锋面图形与温度场边界较为符合,在垂直方向迁移距离较小,水平方向迁移较大,油相迁移锋面较为平滑。在图 5.34(b)中,孔隙率为 0.34,泄漏时间经过 300 s 时,泄漏污染物为白油的情况下,与图 5.33(b)相比较发现油相迁移锋面在垂直方向较温度场迁移边界稍小,水平方向稍大。

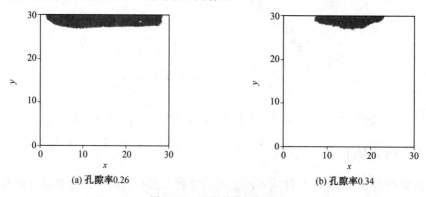

(a) 孔隙率0.26　　　　　　　　　　　　(b) 孔隙率0.34

图 5.34　泄漏前期油相分布

2.污染物泄漏中期比较

从图 5.35(a)中可以看出,在孔隙率为 0.26,泄漏时间经过 600 s 时,泄漏污染物为白油的情况下,温度场保持着水平方向迁移距离较大,垂直方向迁移较小的趋势缓慢扩散迁移。从图 5.35(b)中可以看出,在孔隙率为 0.34,泄漏时间经过 600 s 时,泄漏污染物为白油的情况下,温度场在水平方向的迁移扩散变大,已经迁移至箱体边界,在垂直方向上的迁移速度比小孔隙率更快,这与水相污染物扩散时的规律相符合。

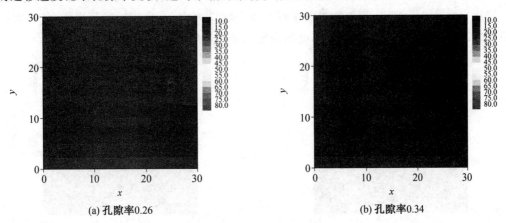

(a) 孔隙率0.26　　　　　　　　　　(b) 孔隙率0.34

图 5.35　泄漏中期温度场

从图 5.36(a)中可以看出,在孔隙率为 0.26,泄漏时间经过 600 s 时,泄漏污染物为白油的情况下,白油在水平方向已经迁移到实验箱体的边界,白油的迁移锋面较为整齐,随着泄漏时间的增加,锋面逐渐趋于水平,此时在砂土表面可以观察到油相堆积形成了一层薄油层。在图 5.36(b)中,在孔隙率为 0.34,泄漏时间经过 600 s 时,泄漏污染物为白油的情况下,与图 5.21(d)相比较可以发现,在大孔隙率下,白油没有表现出与水相污染物迁移类似的指进现象,这是因为白油黏度大,迁移速度慢,在各方向迁移保持基本一致。

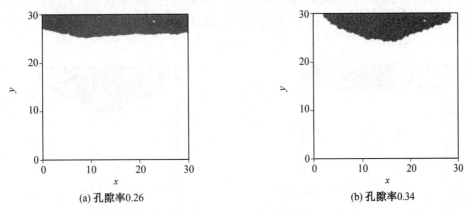

(a) 孔隙率0.26　　　　　　　　　　(b) 孔隙率0.34

图 5.36　泄漏中期油相分布

3.污染物泄漏后期比较

从图 5.37(a)中可以看出,在孔隙率为 0.26,泄漏时间经过 1 800 s 时,泄漏污染物为白油的情况下,温度场边界线更加趋于水平,泄漏污染物温度为 40 ℃的情况下,白油在砂土中扩散后整体温度场中的温度并不高,主要是因为迁移速度慢,在砂土表面形成油层时有一部分热量散失掉,在迁移过程中与周围砂土交换热量充分,使得污染物扩散迁移处温度较为均匀。从图 5.37(b)中可以看出,在孔隙率为 0.34,泄漏时间经过 900 s 时,泄漏污染物为白油的情况下,污染物扩散区域是以泄漏口为中心,整体形状呈扇形,且在大孔隙率时,随着泄漏时间不断增加,温度场内部的最高温度有所提高。

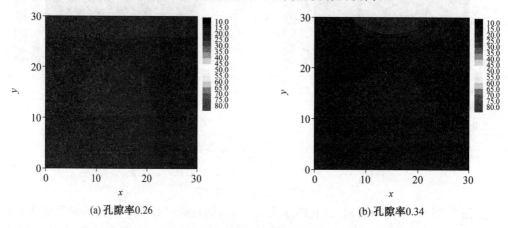

(a) 孔隙率0.26　　　　　　　　　　　(b) 孔隙率0.34

图 5.37　泄漏后期温度场图

从图 5.38(a)中可以看出,在孔隙率为 0.26,泄漏时间经过 1 800 s 时,泄漏污染物为白油的情况下,油相迁移锋面与温度场边界符合情况较好,这是因为随着泄漏时间的增加,白油在砂土中迁移速度较慢,换热更加充分,热量传递逐渐趋于平衡。在图 5.38(b)中,孔隙率为 0.34,泄漏时间经过 900 s 时,泄漏污染物为白油的情况下,与水相污染物相比,整体的扩散区域要小很多,且在长时间泄漏后仍然没有出现指进现象,迁移边界一直相对平滑。

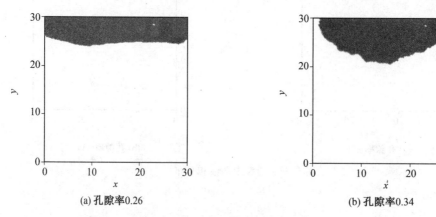

(a) 孔隙率0.26　　　　　　　　　　　(b) 孔隙率0.34

图 5.38　泄漏后期油相分布

4. 影响分析

从图 5.39 可以看出,白油和水在迁移过程中温度随深度的变化有很大的不同,在 120 s 时,水相流体在孔隙率为 0.26 的多孔介质中已经迁移至 7 cm 处,而油相流体迁移缓慢,温度没有迁移到相应的位置。直到泄漏时间达到 600 s,在孔隙率为 0.34 中的油相流体才有明显的温度迁移表征,在相同温度下,油相流体也表现出在大孔隙率中迁移速度较快。综合上述分析可知,在相同温度和孔隙率下,水相流体的温度扩散速度要比油相流体大很多,这主要是受流体黏性的影响。在同相流体的比较中,油相流体表现出与水相流体类似的性质,即随着孔隙的增大,流体扩散迁移的速度加快,温度迁移速度也更快。

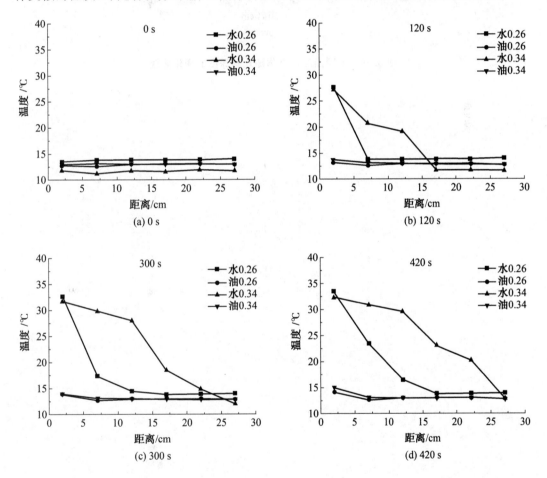

(a) 0 s

(b) 120 s

(c) 300 s

(d) 420 s

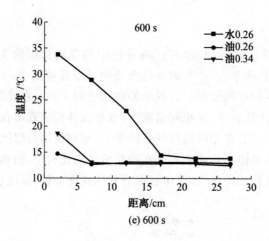

(e) 600 s

图 5.39　不同温度污染物随迁移深度的变化曲线

第6章 常温环境下埋地输油管道泄漏传热测量实验技术

埋地管道泄漏后,介质在土壤中流动,同时有热交换发生,是传质传热的过程,从而引起管道周围土壤温度场的变化。管道泄漏量影响管道周围土壤温度场的扩散范围和温度场的温度梯度变化,通过监测温度场变化可以发现埋地管道泄漏。本章设计了埋地管道泄漏的实验装置,埋设了大量温度传感器,用来测试埋地管道泄漏前、后的管道温度场,同时对埋地管道泄漏的地表温度场进行了红外成像拍摄,得到了温度场的变化规律[126~129]。

6.1 相似理论基础

相似理论是指导模型实验和相似缩放的理论[130~131]。相似理论要求:彼此相似的现象必定是同类物理现象,即能用相同的微分方程描述、具有相同的相似准则数(如 Re、Nu 等)[133]。判别相似的条件包括几何条件、物理条件、边界条件及时间条件等。

6.1.1 稳态导热问题相似理论

有两个几何相似的传热现象 A、B,设 k 为几何尺寸的比,有

$$X_A = kX_B ; \quad Y_A = kY_B \tag{6.1}$$

二维稳态导热微分方程:

$$\frac{\partial^2 T}{\partial X^2} + \frac{\partial^2 T}{\partial Y^2} = 0 \tag{6.2}$$

对于传热现象 A 有

$$\frac{\partial^2 T}{\partial X_A^2} + \frac{\partial^2 T}{\partial Y_A^2} = 0 \tag{6.3}$$

将 $X_A = kX_B$, $Y_A = kY_B$ 比例关系代入上式得

$$\frac{\partial^2 T}{\partial (kX_B)^2} + \frac{\partial^2 T}{\partial (kY_B)^2} = 0 \tag{6.4}$$

$$\frac{1}{k^2} \left(\frac{\partial^2 T}{\partial X_B^2} + \frac{\partial^2 T}{\partial Y_B^2} \right) = 0 \tag{6.5}$$

其中 $k \neq 0$ 即可。

与传热现象 B 比较,可以看出导热现象 A、B 具有相同的描述导热的微分方程式,并且得到:两个稳态导热现象相似,其几何比例 k 除 0 外可以任意选取。

6.1.2 非稳态导热问题相似理论

二维非稳导热微分方程:

$$\frac{\lambda}{C_p \rho}\left(\frac{\partial^2 T}{\partial X^2} + \frac{\partial^2 T}{\partial Y^2}\right) = \frac{\partial T}{\partial \tau} \tag{6.6}$$

两个非稳态导热问题 A、B,设:

比热容比为
$$\frac{C_{pA}}{C_{pB}} = C_C$$

导热系数比为
$$\frac{\lambda_A}{\lambda_B} = C_\lambda$$

时间比为
$$\frac{\tau_A}{\tau_B} = C_\tau$$

几何比为
$$\frac{x_A}{x_B} = \frac{y_A}{y_B} = C_l$$

密度比为
$$\frac{\rho_A}{\rho_B} = C_\rho$$

则对于 A 现象有

$$\frac{\lambda_A}{C_{pA}\rho_A}\left(\frac{\partial^2 T}{\partial X_A^2} + \frac{\partial^2 T}{\partial Y_A^2}\right) = \frac{\partial T}{\partial \tau_A} \tag{6.7}$$

将上述比例关系代入上式,得

$$\frac{C_\lambda}{C_p C_C C_l^2} \frac{\lambda_B}{C_{pB}\rho_B}\left(\frac{\partial^2 T}{\partial X_B^2} + \frac{\partial^2 T}{\partial Y_B^2}\right) = \frac{1}{C_\tau}\frac{\partial T}{\partial \tau_B} \tag{6.8}$$

与 B 现象的微分方程比较,有

$$\frac{C_\lambda C_\tau}{C_p C_C C_l^2} = 1 \tag{6.9}$$

当两个非稳态传热现象 A 和 B 的导热系数、比热容、密度相同时,即当 $C_\lambda = C_p = C_C = 1$ 时,其相似条件是

$$\frac{C_\tau}{C_l^2} = 1$$

即
$$C_\tau = C_l^2 \tag{6.10}$$

由上述推导可知,非稳态导热问题相似条件是:在热物性相同时,其时间比例为几何比例的平方。

6.1.3　对流现象相似的条件

有 A、B 两个对流现象,A 为

$$h_A = -\lambda_A \frac{\partial T_A}{\partial y_A}\bigg|_w \frac{1}{\Delta T_A} \tag{6.11}$$

现假设:

对流换热系数比为
$$\frac{h_A}{h_B} = C_\alpha$$

导热系数比为
$$\frac{\lambda_A}{\lambda_B} = C_\lambda$$

几何尺寸比为
$$\frac{y_A}{y_B} = C_l$$

温度比为
$$\frac{T_A}{T_B} = C_T$$

速度比为
$$\frac{u_A}{u_B} = C_u$$

运动黏度比为
$$\frac{\nu_A}{\nu_B} = C_\nu$$

将比例关系代入式(6.11)中有

$$\frac{C_a}{C_\lambda C_L} \alpha_B = -\lambda_B \frac{\partial T_B}{\partial y_B} \frac{1}{\Delta T_B} \tag{6.12}$$

与现象 B 相比较得

$$\frac{C_l C_a}{C_\lambda} = 1$$

$$\frac{h_A y_A}{\lambda_A} = \frac{h_B y_B}{\lambda_B}$$

即努谢尔数相等

$$Nu_A = Nu_B = \frac{hl}{\lambda} \tag{6.13}$$

采用相似分析,对 A 现象的动量微分方程式:

$$u_A \frac{\partial u_A}{\partial x_A} + \upsilon_A \frac{\partial u_A}{\partial y_A} = \nu_A \frac{\partial^2 u_A}{\partial y_A^2} \tag{6.14}$$

将比例关系代入上式有

$$\frac{C_u C_l}{C_\nu}\left(u_B \frac{\partial u_B}{\partial x_B} + \upsilon_B \frac{\partial u_B}{\partial y_B}\right) = \nu_B \frac{\partial^2 u_B}{\partial y_B^2} \tag{6.15}$$

与 B 现象的微分方程比较得

$$\frac{C_u C_l}{C_\nu} = 1$$

$$\frac{u_A l_A}{\nu_A} = \frac{u_B l_B}{\nu_B}$$

即雷诺数相等:

$$Re_A = Re_B = \frac{ul}{\nu} \tag{6.16}$$

两个对流换热现象相似的条件:

①单值性条件相似;

②同名已定特征数(Re,Pr 相等)。

6.2　埋地管道泄漏传热实验装置设计

6.2.1　相似模拟

在实际物理模型的基础上,根据相似理论得到的 4 个条件(即几何成比例、物性参数与实际情况相同、时间比例是几何比例的平方、对流为实际情况),建立了埋地管道泄漏的实验模型,埋地管道泄漏实验物理模型如图 6.1 所示[130]。

(1)几何成比例:设定几何相似比为 5∶1,即实际尺寸与模型尺寸比为 5∶1。则在实验装置中,砂箱模型尺寸为 1.6 m×1.6 m×1.6 m,砂箱两侧及底层包有厚 50 mm 的绝热保温材料,实验中的管道及保温层厚度根据相似理论进行几何缩放。

(2)物性参数与实际情况相同:在实验中,砂箱中的填充物选择沙子和黏土。

(3)时间比例是几何比的平方:由于采用的几何比为 5∶1,因此时间比为 25∶1,即泄漏传热过程中,实际泄漏时间与实验泄漏时间之比为 25∶1。

(4)对流与实际情况相同:砂箱顶部不加盖,所以砂箱中土壤的表面直接与大气接触,和室内环境进行自然对流。

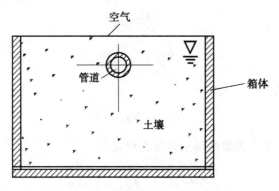

图 6.1　埋地管道泄漏实验物理模型

6.2.2　实验砂箱本体设计

实验箱体部分:砂箱的尺寸为 1.6 m×1.6 m×1.6m,实验箱体采用钢板(厚 5 mm)焊接,砂箱四周包敷 50 mm 厚的苯板保温,用来模拟绝热层。实验箱体内放置沙子,上边与空气自然对流,内部布置热电偶,测量温度场。砂箱外接放水阀门。采用 0.6 m×0.5 m×0.8 m 的立方体水箱,容积为 0.24 m³。水箱采用 5 mm 钢板,为全封闭式,外接两个 1/2G 的接头(一个用于连接空气压缩机,一个用于连接 PPR 细管)。

(1)模拟砂箱槽内壁涂敷 H18−08 防腐层;

(2)实验砂箱和水箱外壁附 50 mm 聚乙烯苯板保温层,外用铁皮包裹;

(3)模拟砂箱外侧设一活动梯子,模拟砂箱四周用角(槽)钢加固;

(4)在水箱离地面 200 mm 和 600 mm 高度处分别加设一道加强肋,用于加固;

(5)砂箱和水箱外接放水闸门,方便排污;

(6)水箱外接液位计,可方便液位观察。

(7)砂箱本体钢板厚度设计计算。

在设计中,砂箱底部焊接的钢板厚度可按平底封头设计计算获得,它一般处于弯曲的最不利状态,其壁厚将比箱壁厚很多,因此,出于对砂箱本体安全性进行考虑,其壁厚可按式(6.17)进行计算[133~134]:

$$\sigma_{max} = k\,\frac{pL^2}{\delta^2} = [\sigma]\Phi \tag{6.17}$$

即
$$\delta = L\sqrt{\dfrac{kp}{[\sigma]\Phi}} \qquad\qquad (6.18)$$

式中　σ_{max}——钢板在设计温度下的许用应力,MPa;

　　　 p —— 砂箱所承受的最大内压,MPa;

　　　 L —— 砂箱的等效直径,取砂箱的长度,mm;

　　　 k —— 与砂箱周边支撑方式有关的系数,周边固定时,$k = 0.188$;

　　　 Φ —— 焊缝安全系数,这里取 $\Phi = 0.95$。

通过计算可得实验砂箱的钢板厚度为 4.3 mm,因此,选择厚度为 5 mm 的 Q235 钢板作为实验砂箱的本体材料。

6.2.3　加热系统设计

在加热系统中,采用 DN20 电加热管进行加热(在电加热管上布置热电偶,观察电加热管的表面温度),以便在管道周围形成稳定的温度场。首先为水箱充水,然后密封。采取电加热(电热管直径为 8 mm),达到一定温度后,再通过空气压缩机提供的压力把水箱中的水供给 PP-R 细管。实验中,当砂箱中的温度场达到稳态时,通过布置在电加热管上的热电偶,读取其表面温度。调节温控仪,使水箱中水的温度和电加热管的温度达到一致。水箱温度控制系统示意图如图 6.2 所示[136]。

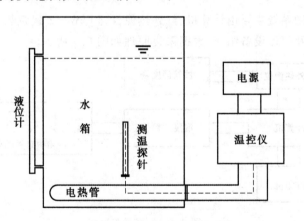

图 6.2　水箱温度控制系统示意图

6.2.4　管道系统设计

实验主管道采用 DN20 电加热管,外接变压器。通过调节电压使其在稳态后达到恒定温度。从水箱接出一根 DN10 的 PP-R 细管,引至实验箱体上表面后,通过调节空气压缩机和阀门,来控制 PP-R 细管内的压力;加阀门以控制泄漏量,然后再把 PP-R 细管接到实验管道下表面,模拟管道泄漏。在 PP-R 细管的水平段分别布置流量计和压力表。管道系统示意图如图 6.3 所示。

空气压缩机主要技术参数:型号:W-1/7;容积流量为 1.0 m³/min;额定排气压力为 0.7 MPa;电机功率为 3 kW。

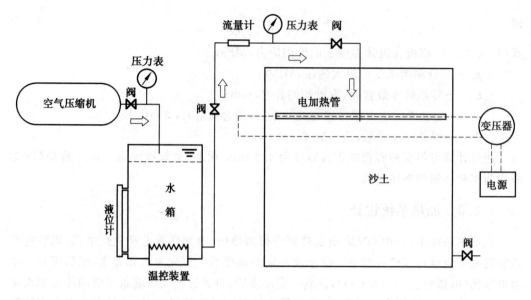

图 6.3　管道系统示意图

6.2.5　数据采集检测系统

数据采集检测系统主要由计算机、红外热像仪、JTJW—2 建筑热工温度巡回检测仪、铜－康铜热电偶及打印设备组成,数据采集原理如图 6.4 所示。

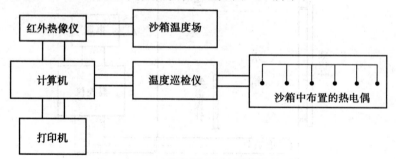

图 6.4　数据采集原理

JTJW—2 热流温度巡检仪技术参数:

通道数:1～90 路;

测量范围:－50～100 ℃;

系统精度:±0.5 ℃;

分辨率:0.1 ℃;

电源:220 V ±10％,50±2 Hz。

红外成像设备 ThermaCAMTM P30 技术参数:

空间分辨率(IFOV):1.3 mrad;热灵敏度:0.08 ℃(在 30 ℃时);

探测器类型:焦平面(FPA),非制冷微量热型 320×240 像素探测器;

波长范围:7.5～13 μm;

测温范围：−40～＋120 ℃；

精度：±2 ℃，±2%（读数范围）；

测量模式：自动捕捉最高温或最低温；

大气穿透率校正：自动，根据输入的距离，大气温度和相对湿度。

在实验砂箱内布置铜—康铜测温热电偶测试土壤温度的变化情况。热电偶通过一塑料管引入数据采集间后与温度热流巡检仪相连接，温度巡检仪可实现每 1～60 min 记录一次数据。温度巡检仪与计算机通过串行接口连接，计算机可实现在线监测及数据采集处理，大大提高了数据采集速度。

砂箱内探针布点分布及探针制作要求：

(1)测温探针采用直径为 0.5 mm 的一级铜—康铜热电偶和直径为 3.5 mm 的薄膜护套制作而成，探针长度根据现场情况确定。

制作探针时，选择一定长度的竹坯(导热系数尽量与沙土的导热系数接近，以保证不破坏土壤的温度场)，先在竹坯上每隔一定间距钻直径为 0.5 mm 的小孔。为保证热电偶与沙土接触良好，使热电偶头部稍露出管壁，须将热电偶从竹坯凹面一侧通过小孔，并用树脂胶固定好。再用树脂胶涂敷绝缘和密封。热电偶引线则通过竹坯的另一侧引出，固定在接线盒中，竹坯的另一端用堵头密封，这样制成一个完整的探针。

(2)测温探针布置。在砂箱内布置 2 组测温探针，2 组测温探针上共有 70 个测温点，水平方向热电偶的布点示意图如图 6.5 所示，竖直方向热电偶的布点示意图如图 6.6 所示。安装探针时，应保证水平方向探针处在水平面上，并埋于管下指定位置(10 cm 或 20 cm)，竖直方向探针亦然。在中部截面上的水平误差小于 10 mm；垂直误差小于 10 mm。应保证探针上的热电偶与沙土接触良好。

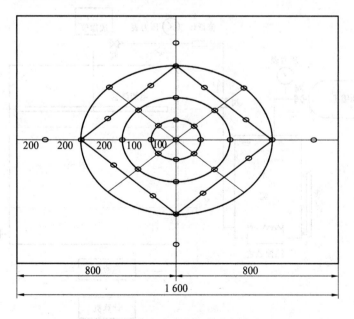

图 6.5　砂箱内水平方向热电偶布点图

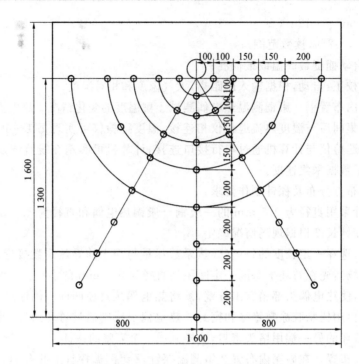

图 6.6　砂箱内竖直方向热电偶布点图

6.2.6　埋地管道泄漏传热实验装置工艺系统流程图

实验装置工艺系统流程图及其实验装置图如图 6.7、6.8 所示[136,137]。

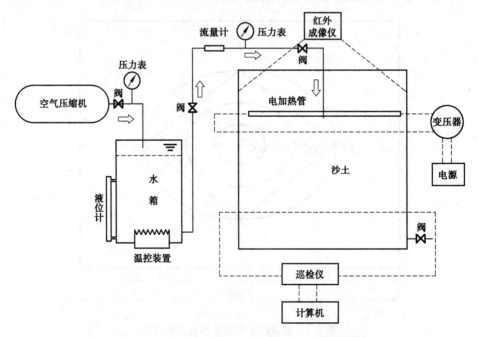

图 6.7　埋地管道泄漏传热实验装置工艺系统流程图

图 6.8　实验砂箱装置图

　　该实验装置可对不同参数下（如水温、埋深及流量等）埋地管道泄漏的传热过程进行模拟实验研究。可对土壤温度场进行实时测试，同时可以用红外成像仪对土壤地表温度场进行实时拍摄。

6.3　埋地管道泄漏传热实验研究

　　本节利用埋地管道泄漏传热实验装置对不同运行参数下埋地管道泄漏的传热过程进行模拟实验研究。在模拟实验中，通过测试埋地管道温度场的变化情况，对管道泄漏非稳态土壤温度场分布变化规律进行总结。

6.3.1　实验测试方案

　　在实验方案设计中，考虑了影响埋地管道泄漏传热地表温度场的主要因素（如管道内介质温度、介质流量及管道埋地深度等），优化组合选择 5 组方案作为实验测试方案，具体测试方案见表 6.1。

表 6.1　模拟实验方案列表

实验方案	介质温度 /℃	介质流速 /(mL·s^{-1})	管道埋深 /cm	土壤成分	环境温度 /℃
1	80	6	10	沙子	20
2	80	6	20		
3	60	6	10		
4	60	12	10		
5	80	6	10	黏土	

水箱内水温为 60～80 ℃,通过控制泄漏阀门对泄漏量进行控制。在泄漏管上安装流量计,可以通过流量计读出管道泄漏的瞬时流量值。实验分别用沙子和黏土填充实验箱体。每一种实验工况,要保证管道未泄漏时温度场为稳态。

管道未泄漏时温度场为稳态应满足:①所有测点温度值变化不超过 0.5 ℃;②所有测点温度值变化不始终偏向一方,就可认为系统达到稳态。此时通过布置在电加热管上的热电偶,读取其表面温度。调节温控仪,使水箱中水的温度和电加热管的温度达到一致。然后打开泄漏阀门进行管道泄漏实验。泄漏时间定为 10 min～3 h,然后关闭泄漏阀门。每一种工况结束后,将其中的沙土取出并放水,然后再装入其他的填充物。实验时取 3 组土样,做渗透系数、导热系数、含水率、密度和孔隙度的测定。

实验中,测试的主要数据如下:
①砂箱土壤温度场检测(计算机数据采集);
②砂箱内电加热管温度检测(计算机数据采集);
③水箱内水温检测(人工数据读入);
④砂箱地表温度场检测(红外热像仪采集)。

6.3.2　泄漏过程地表温度场红外测量

对上述 5 种实验方案管道泄漏的地表温度场进行了红外成像测量,其结果如图 6.9～6.13 所示[130]。

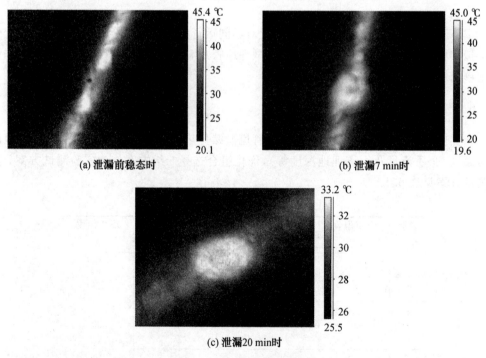

(a) 泄漏前稳态时　　　　　(b) 泄漏 7 min 时

(c) 泄漏 20 min 时

图 6.9　方案 1 表面温度场

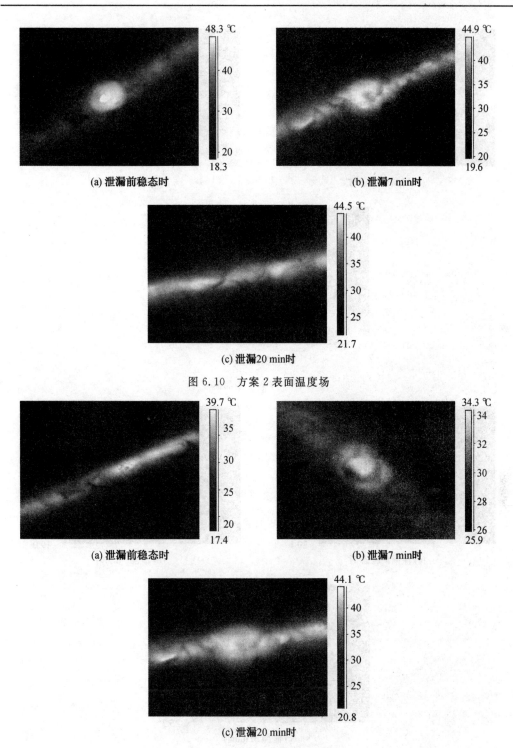

(a) 泄漏前稳态时

(b) 泄漏7 min时

(c) 泄漏20 min时

图 6.10　方案 2 表面温度场

(a) 泄漏前稳态时

(b) 泄漏7 min时

(c) 泄漏20 min时

图 6.11　方案 3 表面温度场

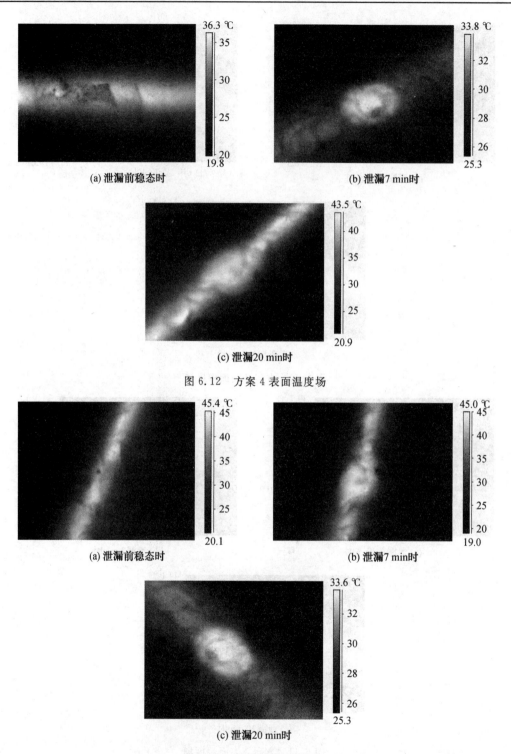

(a) 泄漏前稳态时　　　　　　　　　　　　　(b) 泄漏7 min时

(c) 泄漏20 min时

图 6.12　方案 4 表面温度场

(a) 泄漏前稳态时　　　　　　　　　　　　　(b) 泄漏7 min时

(c) 泄漏20 min时

图 6.13　方案 5 表面温度场

　　由图中可见,通过温度场的变化,完全可以判断埋地管道的泄漏。管道泄漏后,热水泄漏的同时使周围的温度场发生了变化,并且影响区域随着泄漏时间的增长而逐渐扩大,温度场以圆形向外扩散,中间温度高,四周温度低。

随着热水的泄漏,热水在土壤中流动,与周围的沙土进行热交换。由于热交换滞后,渗流影响区域一般大于热影响区域。泄漏达到一定时间后,泄漏热影响区变化趋于缓慢。这是由于在能量输入速度一定的情况下,随着时间的增长传热面和浸润面逐渐变大,能量供给不足,以及流体流动变为缓慢的渗流造成的。从方案 1 和方案 2 红外成像图片对比来看,随着管道埋深的增加,在能量输入速度一定的情况下,随着时间的增长传热面和浸润面逐渐变大,能量供给不足,表现在地表的温度越低,地表温差减小。从方案 1 和方案 3 红外成像图片对比来看,随着电加热管热流量的减小,即管道内介质温度的降低,表现在地表的温度越低,地表温差减小。从方案 3 和方案 4 红外成像图片对比来看,随着管道压力增大,流速增加,泄漏速度加快,随着管道泄漏量的增大,渗流区域扩大的速度增大,热影响区域的扩大速度也增大。表现在用红外成像设备探测发现管道泄漏的时间随之减少,地表温差增加。从方案 1 和方案 5 红外成像图片对比来看,由于沙子的孔隙率大于黏土的孔隙率,随着管道泄漏量的增大,方案 1 的渗流区域扩大速度快。热影响区域的扩大速度也快。表现在用红外成像设备探测发现管道泄漏的时间减少,地表温差增加。

6.3.3　砂箱温度场数据分析

根据温度巡检仪测得的温度数据,绘制管道泄漏砂箱的温度场曲线(图 6.14、6.15)。节选的是方案 1 所测试的温度数据,其中水平温度场为加热管下方 10 cm 处的砂箱温度场。

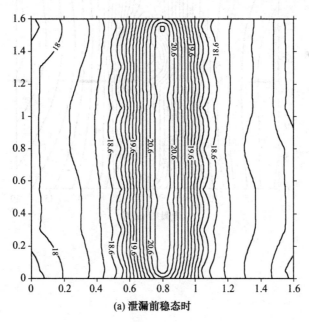

(a) 泄漏前稳态时

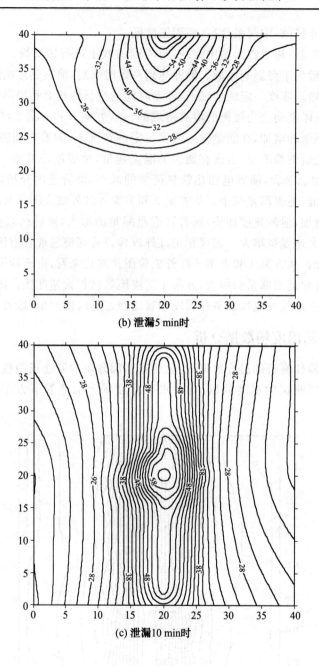

(b) 泄漏5 min时

(c) 泄漏10 min时

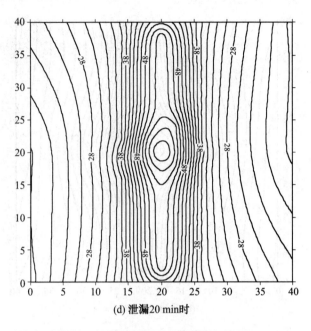

(d) 泄漏20 min时

图 6.14　地面温度场

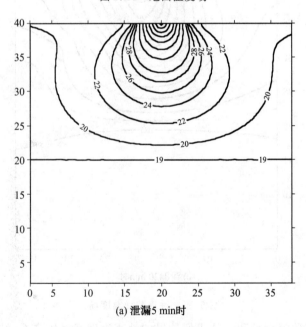

(a) 泄漏5 min时

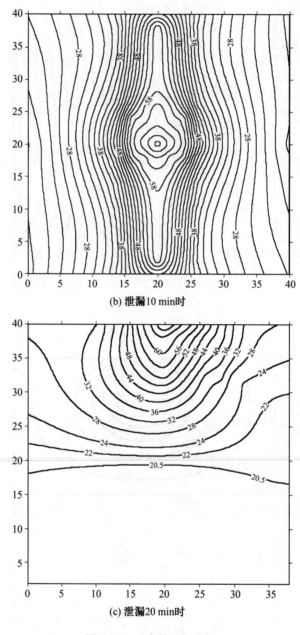

图 6.15　垂直截面温度场

　　从管道泄漏实验温度场和红外成像拍摄的地表温度场对比来看,结果是比较吻合的。温度场的变化趋势相同。当管道发生泄漏时,随着管道泄漏量的增大,温度场的逐渐变化类似椭圆形扩大。在泄漏初期,温度场的影响主要在管道附近,随着泄漏量的增加,在流场和温度场的共同作用下,热影响区域逐渐扩大,各温度区域范围扩大,并有一定的温度梯度。从结果来看,非稳态泄漏温度场大致分为 3 个区域:

　　(1)高温区。

　　在泄漏口附近较大的区域内土壤温度很高,接近管内水温,区域内水温基本不变。

(2)温度梯度变化区。

这一区域在高温区外侧,温度梯度变化剧烈。

(3)土壤自然温度区。

这一区域在最外侧,温度与未泄漏前稳态温度场基本没有差别。

管道泄漏实验水平截面温度场的温度要略高于红外成像拍摄的地表温度场,是由于重力作用造成的,这与理论上是相符的。由于重力作用,温度场向下变化速度略快于水平方向,其影响与管道泄漏时间有关。时间越长,影响越明显。实验数据绘制的温度场,是在实验结果基础上用等距离差分的办法绘制的,存在一定的误差。由于土壤密实度等原因,管道泄漏后两边的温度场并不完全对称。

6.3.4　管道泄漏影响因素分析

影响埋地管道温度场分布的因素有很多,主要包括以下方面:土壤自身物性参数、环境温度、泄漏量、管道埋深及其管道自身物性参数等[138~141]。下面对不同条件下埋地管道泄漏温度场进行具体分析。

1.埋深对温度场的影响

方案 1 和方案 2 在相同泄漏时间时,周围土壤温度场的变化,如图 6.16 和图 6.17 所示。

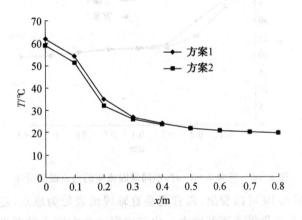

图 6.16　泄漏 7 min 时,不同埋深的地表温度分布

从图 6.16 和图 6.17 可以看出,以管道垂直轴线地表处为原点,随着埋深的增大,地表水平方向上温度变化斜率逐渐减小。说明泄漏一定时间后,泄漏热影响区变化趋于缓慢。这是由于在能量输入速度一定的情况下,随着时间的增长传热面和浸润面逐渐变大,能量供给不足,以及流体流动变为缓慢的渗流造成的。比较方案 1 和方案 2 的温度曲线,可见管道埋深越深,地面温度受管道泄漏影响就越小。

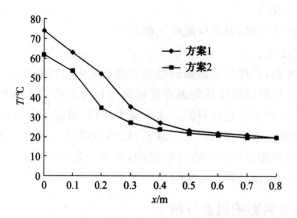

图 6.17　泄漏 20 min 时,不同埋深的地表温度分布

2. 泄漏量对温度场的影响

方案 3 和方案 4 在相同泄漏时间时,周围土壤温度场的变化,如图 6.18 和图 6.19 所示。

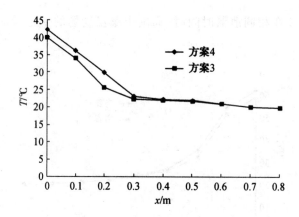

图 6.18　泄漏 7 min 时,不同泄漏流速的地表温度分布

从图 6.18 和图 6.19 可以看出,以管道垂直轴线地表处为原点,随着泄漏量的增大,地表水平方向上温度变化斜率逐渐增大。比较方案 3 和方案 4 的温度曲线,可见随着管道压力增大,流速增加,管道泄漏量越大,地表温度场随时间变化越剧烈。

3. 介质温度对温度场的影响

方案 1 和方案 3 在相同泄漏时间时,周围土壤温度场的变化如图 6.20 和图 6.21 所示。

从图 6.20 和图 6.21 可以看出,以管道垂直轴线地表处为原点,随着介质温度的增大,地表水平方向上温度变化斜率逐渐增大。比较方案 3 和方案 1 的温度曲线,可见随着管道内介质温度的增大,地表温度场随时间变化越剧烈。

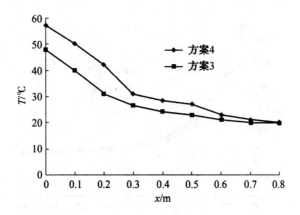

图 6.19　泄漏 20 min 时,不同泄漏流速的地表温度分布

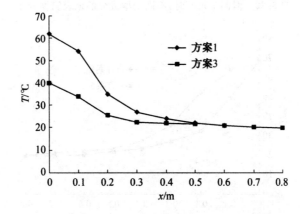

图 6.20　泄漏 7 min 时,不同介质温度的地表温度分布

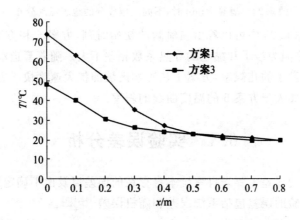

图 6.21　泄漏 20 min 时,不同介质温度的地表温度分布

4.土壤成分对温度场的影响

方案 5 和方案 1 在相同泄漏时间时,周围土壤温度场的变化如图 6.22 和图 6.23

所示。

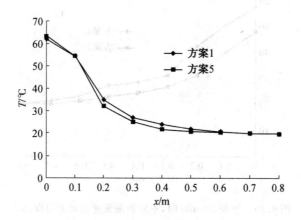

图 6.22　泄漏 7 min 时,不同土壤成分的地表温度分布

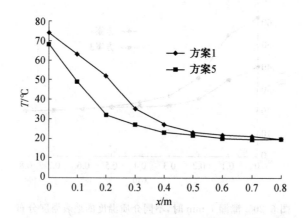

图 6.23　泄漏 7 min 时,不同土壤成分的地表温度分布

从图 6.22 和图 6.23 中可以看出在泄漏的初始时刻,方案 5 和方案 1 的温度曲线的斜率相差不大,这是因为沙子和黏土的导热系数相差不大。随着管道泄漏量的增大,由于沙子的孔隙率大于黏土的孔隙率,方案 1 热影响区域的扩大速度快于方案 5。所以方案 1 的温度曲线的斜率要大于方案 5 的温度曲线的斜率。

6.4　实验误差分析

实验测试数据的误差主要来自系统本身存在的误差以及由不确定因素而引起的随机误差,因此,本次实验的误差包括系统误差和随机误差[142、143]。

6.4.1　系统误差

系统误差是由固定不变的或按一定规律因素变化引起的误差。由于系统误差的数值往往比较大,必须消除系统误差的影响,才能有效地提高测量精度。因此,仪表误差、读数误差、装置误差、校验误差、人为误差、环境误差等方面,对测量结果的影响,具有积极的意义。

测试中,除仪表误差(标定问题)、读数误差(读示值问题),其他误差如校验误差(对比表问题)、人为误差及环境误差可以消除或减少到很小,因此可以忽略。在仪表误差中,已知热电偶的量程为-10~70 ℃,利用 0.1 级水银温度计对整套测温系统进行标定,标定方法如下:

(1)仪器。

保温瓶,铜—康铜热电偶,建筑热工温度与热流巡回检测仪,温度计(准确度 0.1 ℃)。

(2)标定。

连接热电偶与温度自动巡检仪,分别取 0~70 ℃的恒温水,每 10 ℃作为一标定区间。标定时,将热电偶置于保温瓶中,待温度计示数稳定后,记录温度计读数,待巡检仪读数稳定后,取 3 组巡检仪读数计算其平均值,得出与实际温度的误差。标定后系统的最大误差为±0.3 ℃,部分标定结果见表 6.2~表 6.4。

表 6.2　0~10 ℃温度范围内热电偶标定(标准值 5.0 ℃)

测点	温度 1	温度 2	温度 3	温度 4	温度 5	温度 6	温度 7	温度 8	温度 9	温度 10
	5.0	4.9	4.9	5.2	4.9	4.9	4.8	5.3	4.8	4.8
标定值	4.9	4.8	4.7	5.2	4.7	4.8	4.7	5.2	4.7	4.8
	4.7	4.8	4.6	5.1	4.7	4.7	4.7	5.4	4.6	4.7
平均值	4.9	4.8	4.7	5.2	4.8	4.8	4.7	5.3	4.7	4.8
绝对误差	0.1	0.2	0.3	-0.2	0.2	0.2	0.3	-0.3	0.3	0.2

表 6.3　10~20 ℃温度范围内热电偶标定(标准值 15.1 ℃)

测点	温度 1	温度 2	温度 3	温度 4	温度 5	温度 6	温度 7	温度 8	温度 9	温度 10
	14.9	15.0	14.9	15.4	14.8	15.0	14.8	15.5	15.3	14.8
标定值	14.8	14.8	14.8	15.3	14.8	14.8	14.8	15.4	15.2	14.8
	14.9	14.9	14.8	15.3	14.9	14.9	14.8	15.4	15.3	14.7
平均值	14.9	14.9	14.9	15.3	14.9	14.9	14.8	15.4	15.3	14.8
绝对误差	0.2	0.2	0.2	-0.2	0.2	0.2	0.3	-0.3	-0.2	0.3

表 6.4　20~30 ℃温度范围内热电偶标定(标准值 23.2 ℃)

测点	温度 1	温度 2	温度 3	温度 4	温度 5	温度 6	温度 7	温度 8	温度 9	温度 10
	22.9	22.9	22.9	23.4	22.9	22.9	23.0	23.5	22.4	23.0
标定值	22.8	23.0	22.8	23.3	23.0	23.0	23.0	23.4	23.4	22.9
	22.9	23.0	22.9	23.3	22.9	23.0	22.9	23.4	23.6	22.9
平均值	22.9	23.0	22.9	23.3	22.9	23.0	23.0	23.4	23.5	22.9
绝对误差	0.3	0.2	0.3	-0.1	0.3	0.2	0.2	-0.2	-0.3	0.3

通过计算机进行数据采集时,读数围绕某值摆动不大于±0.2℃,属于读数误差。另外,在对管道进行非稳态测试时,还应考虑由于热电偶接点的响应时间给测试结果带来的动态误差。

计算系统误差有 3 种处理方法,分别为方和根法、广义方和根法和绝对和法。由于方和根法和广义方和根法的理论基础是把各单项系统误差作为随机变量来处理,然而大多数系统误差都遵从确定的规律,只不过它们的分布规律还不清楚,因此采用绝对和法合成系统误差对误差估计是偏大的,但是保险的方法。由于各误差之间相互独立,因此仪表误差和读数误差可用绝对和方法表示,即

$$\Delta = \Delta_1 + \Delta_2 + \Delta_3 \tag{6.19}$$

式中　Δ——系统合成误差,相对误差;

　　　Δ_1——标定误差,水银温度计的误差为±0.1℃;

　　　Δ_2——温度巡检仪同热电偶连接后的仪表误差;

　　　Δ_3——信号采集误差(读数误差)。

因此由式(6.25)计算可得系统合成误差为±0.6℃。

6.4.2　随机误差

随机误差也称偶然误差,是指在一系列等精度测量过程中,前一个误差出现不能预测下一个误差的大小和方向,但就误差总体而言,却具有统计规律(如服从正态分布)。

对本次实验而言,将 73 个热电偶的最大随机误差作为实验的随机误差。计算随机误差时,利用 VB2005 语言开发出随机误差处理软件,对各个温度点的标准误差 σ 及贝塞尔值进行计算,并得到其他相应的统计结果。数据录入采用 excel 文件导入形式,数据处理软件中的主窗体界面如图 6.24 所示。

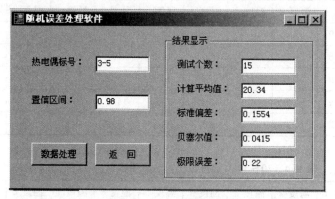

图 6.24　随机误差处理系统软件窗口图

数理统计要求:测量点的重复测量至少在 10 点以上,重复测量及选取 3σ 具有的置信概率参见表 6.5。

表 6.5　重复测量及选取 3σ 具有的置信概率

N	2	4	8	14	∞
$1 \sim \infty$	0.81	0.96	0.98	0.99	0.9973

利用贝塞尔公式进行统计计算[29,30]：

$$\hat{S} = \frac{\hat{\sigma}}{\sqrt{N}}$$
(6.20)

式中 $\hat{S}$ ——贝塞尔公式值；

σ ——标准误差；

N ——测量次数，计算中取 $N > 10$。

标准误差 σ 的计算式如下：

$$\hat{\sigma} = \sqrt{\frac{1}{N-1} \sum_{i=1}^{N} (x_i - \bar{x})^2}$$
(6.21)

对布置的 73 个热电偶点，每个点取稳态时大于 15 个重复量进行计算，以其中 5 个测温点的 15 个稳态数据为例进行计算，其标准误差值 σ 是所有点中最大的值，采样数据见表 6.6。

表 6.6　部分测温点随机误差统计表

采样时间	热电偶布点测温点				
	2－2	3－2	8－1	7－2	6－1
9：00	16.7	18.7	20.5	22.2	25.2
9：02	16.7	18.9	20.4	22.1	25.1
9：04	16.5	18.7	20.4	22.3	25.2
9：06	16.6	18.7	20.3	22.2	25.0
9：08	16.8	18.8	20.0	22.3	25.1
9：10	16.6	18.8	20.6	22.4	25.4
9：12	16.5	18.8	20.4	22.1	25.2
9：14	16.7	18.8	20.5	22.3	25.3
9：16	16.6	19.0	20.4	21.8	25.1
9：18	16.4	18.8	20.4	22.4	24.8
9：20	16.5	18.3	20.3	22.2	25.2
9：22	16.2	18.5	20.4	22.3	25.2
9：24	16.5	18.7	20.1	22.6	25.3
9：26	16.6	18.3	20.3	22.5	25.4
9：28	16.7	18.7	20.2	22.4	25.5
9：30	16.6	18.7	20.3	22.3	25.2
参数量 N	15	15	15	15	15
最小值(min)	16.2	18.3	20.0	21.8	24.8
最大值(max)	16.8	19.0	20.6	22.6	25.5
平均值(mean)	16.57	18.70	20.34	22.27	25.21
标准误差 σ	0.211 1	0.256 3	0.155 4	0.190 8	0.228 3
贝塞尔值 S	0.056 4	0.067 5	0.041 5	0.051 0	0.061 1
下 95% 置信区间	6.45	8.56	10.26	12.17	15.09
上 95% 置信区间	6.69	8.84	10.42	12.37	15.33

经计算,由表 6.2 可知测温热电偶 9.2 的贝塞尔值最大,为

$$\hat{S} = 0.067\ 5$$

由此可得随机过程的极限误差,所谓的极限误差是极端误差,是误差不应超过的界限。误差计算公式为

$$\beta = \pm t\hat{S} \tag{6.22}$$

式中　β——极限误差;

　　t——置信系数,这里取 3。

由式(6.28)可得计算结果 β 为 ±0.22 ℃。

6.4.3　误差的综合

误差的综合是指所有系统误差和随机误差的全部测量极限误差的合成,因此,只有综合误差才能全面表征测量结果与真实值的偏离程度。

$$\Omega = \alpha + \beta \tag{6.23}$$

由误差综合理论(两种误差的概率)可知,综合极限误差是根据总随机误差和总系统误差的绝对和计算,因此由式(6.23)可计算得合成误差 Ω 为 0.82 ℃。

第7章 冻土条件下埋地管道泄漏污染物热质迁移三维实验技术

7.1 三维实验装置

搭建埋地管道泄漏污染物热力迁移实验平台。通过三维埋地管道泄漏实验,得到不同泄漏量、不同流速、不同温度下污染物扩散迁移过程中的温度场。

7.1.1 实验目的

为了研究埋地输油管道泄漏污染物在多孔介质中的迁移规律,搭建了埋地管道污染物迁移扩散实验装置,其目的在于:

(1)三维实验装置减小了边界对于污染物迁移的影响,并且泄漏管道埋设于多孔介质内,与实际应用中埋地管道泄漏的情形更为接近。

(2)该装置可以实现冻土和非冻土条件下泄漏污染物的迁移,可以实验研究冻土环境、污染物泄漏流量、污染物温度以及污染物类型对于埋地管道泄漏污染物在多孔介质中迁移的影响状况。

7.1.2 实验装置

实验装置主要由5部分组成:流体储存加热系统、流动循环系统、仿真泄漏实验箱体、室外冷源通风循环系统,如图7.1所示。

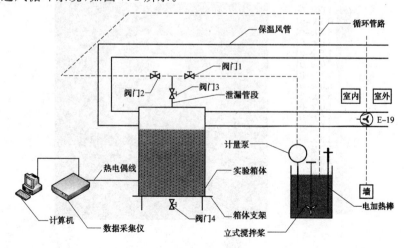

图 7.1 三维实验系统图

1. 仿真泄漏实验箱体的设计

仿真泄漏实验箱体是完成此次实验的关键装置,其作用是承载作为多孔介质结构的砂土,模拟冻土环境,并作为泄漏污染物主要的扩散对象。为了完成这一实验,首先要求箱体具有足够的尺寸,减少其箱体边界对污染物扩散的影响;其次,该箱体要具有一定的保温能力,保持箱内的多孔介质的温度场能够稳定,不要在实验期间受到外界环境的干扰,改变内部的温度分布;再次,该箱体要便于埋入温度传感器采集温度数据,要预留出可供数据传输线连接的连接通道;最后,该实验箱体内部的砂土在进行一次实验后需要更换,所以要求其方便装卸,易于更换内部的多孔介质。

为确认实验箱体的尺寸,采用数值模拟软件,对泄漏污染物的扩散范围进行了数值模拟。模拟区域尺寸 2 m×2 m,泄漏口大小为 20 mm,泄漏口距地表 60 cm,分别采用两种泄漏速度 0.03 m/s 和 0.1 m/s 进行模拟,多孔介质孔隙率为 0.34,流体为自定义白油,模拟得到污染物的油相分布图,如图 7.2 和图 7.3 所示。

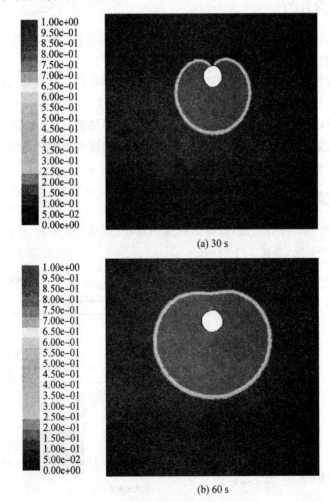

(a) 30 s

(b) 60 s

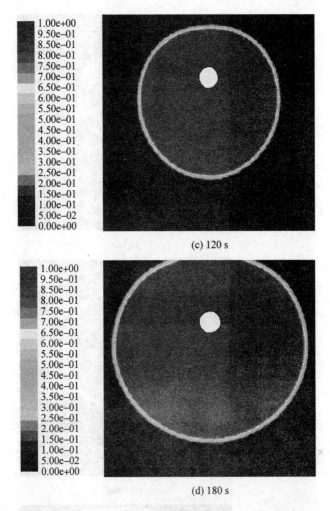

(c) 120 s

(d) 180 s

图 7.2　泄漏速度 0.1 m/s

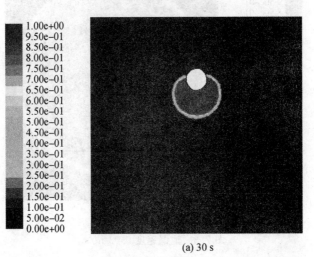

(a) 30 s

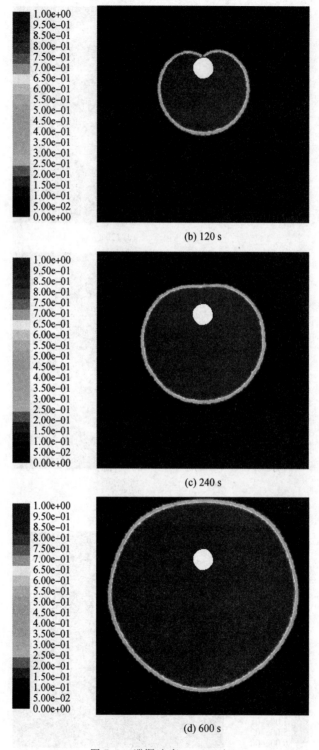

(b) 120 s

(c) 240 s

(d) 600 s

图 7.3　泄漏速度 0.03 m/s

从图 7.2 和图 7.3 可以看出,在泄漏速度为 0.1 m/s 时,污染物在泄漏时间达到 60 s 时,在垂直方向上迁移了 12.3 cm,向下迁移了 55.1 cm,在水平方向上迁移了 18.2 cm; 经过 180 s 后,污染物在垂直方向向上迁移了 49.7 cm,向下迁移了 91.5 cm,在水平方向上迁移了 80.2 cm;在泄漏速度为 0.03 m/s 时,污染物在泄漏 60 s 时,在垂直方向向上迁移了 11.4 cm,向下迁移了 49.1 cm,在水平方向上迁移了 35.2 cm;经过 600 s,在垂直方向上向上迁移了 49.4 cm,向下迁移了 101.2 cm,在水平方向上迁移了 78.7 cm。由于在数值模拟时主要考虑多孔介质的结构对迁移的影响,在实际迁移过程中,流体的迁移受到土壤吸附力和其他作用力的综合作用,其速度会比数值模拟结果慢。由此,在大流量泄漏 60 s 时迁移数据的基础上,扩大其边界范围,确定流体扩散区域的实验区域尺寸为长 80 cm、宽 80 cm、高 80 cm。

由于冷风循环系统需要冷却循环通道,最终确认实验箱体整体尺寸为长 80 cm、宽 80 cm、高 120 cm,上部 40 cm 空间作为冷却循环通道。箱体整体壁面采用 3 mm 钢板焊接而成。为了便于拆卸和安装,本实验箱体由 4 节组合而成,每一节长 80 cm、宽 80 cm、高 30 cm,每一节箱体由钢板焊接而成,为了保证钢架结构牢固,每一节四周都附有角钢加固,各节之间连接处由角钢组成,每侧角钢上打有 4 个直径 10 mm 的连接孔,各节之间通过螺栓连接,在连接处为了防止砂土泄漏,每一层均压有 3 mm 厚的橡胶垫。第一节 (由下至上为一至四节)底部开有直径 2 cm 的排水口,目的是使泄漏至箱体底部的污染物不在底面堆积而直接排出。第二和第三节结构相同,在四面开有直径 3 cm 的预留口。第四节为通风段,在其两侧开有直径为 20 cm 的通风口,并在其上外接 20 cm 长的钢管以方便保温风管的连接。第四节顶部采用有机玻璃板制成箱体顶盖,顶盖中间留有直径 3 cm 的通孔以通过泄漏管路。箱体内部有高 10 cm 的支架置于第一节表面,支架上置有 6 mm 厚的钢制筛孔板来承载其上的砂土,钢板外包纱布,这样既可以使流体通过,又可以防止砂土泄漏至底层堵塞排水孔。箱体四周覆有塑胶保温海绵,厚度为 20 mm,保温材料采用细铁丝固定在箱体表面,图 7.4 和 7.5 分别为实验箱体设计图和实验箱体实物图。

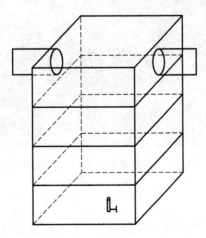

图 7.4　实验箱体设计图

图 7.5　实验箱体实物图

2.流体储存加热系统设计

由于泄漏污染物通常不是常温流体,所以实验需要对泄漏的流体进行加热,这就要求流体先在一容器内加热到所需温度后,再通过泄漏管泄漏至仿真泄漏实验箱体内。流体储存加热系统主要由高为 75 cm、直径为 56 cm 的油水箱、搅拌桨和加热器组成。图 7.6为实验用搅拌器(立式搅拌桨),型号为 Burley6201,功率为 1 600 W,转速为 0～800 r/min,搅拌杆长度为 50 cm,固定在油水箱口处,其旋转桨深入油水箱内部;加热器由加热棒和温控系统组成,温控器由感温部件和继电器组成,可以维持水箱内部温度在20～80 ℃之间。

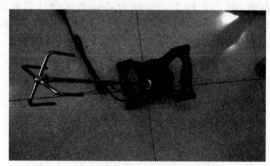

图 7.6　实验用搅拌器(立式搅拌桨)

3.流动循环系统设计

为了模拟管道在多孔介质内部的泄漏情况,需要泄漏管路直接深入土壤中进行泄漏实验,同时为了保证在一次实验中泄漏流量保持一样,所以设计了一套循环管路系统,主要由计量泵和循环管路组成。实验用计量泵采用南方泵业生产的型号为 GM0120SP9(6)MNN 的泵,为实验管路中的污染流动提供动力,如图 7.7 所示。计量泵电机功率为

0.37 kW,额定电压 220 V,额定流量 120 L/h,该计量泵可以使流量在 1.8～40 mL/s 之间调节。循环管路为 DN20 的 PPR 管,实验管路总长为 8 m,泄漏管路为 DN15 的 PPR 管。

图 7.7　实验用计量泵

4.室外冷源通风循环系统设计

为了研究低温环境下的污染物泄漏的迁移,需要使箱体内多孔介质的初始温度降低,并且为了模拟大地环境,要求温度是自下而上有梯度地逐渐下降。本实验利用东北地区独特的气候条件,选取在冬天进行实验,直接引入室外的冷风,形成初始大地温度场。此室外冷源通风循环系统由风机和循环管路组成。风机型号为 YWF2E—200,其额定功率为 40 W,转速为 2 650 r/min,风量可以达到 1 050 m³/h,全压为 120 Pa,频率为 50 Hz。保温风管采用夹筋保温铝箔通风管,玻璃棉作为隔热保温层,玻璃纤维厚度为 25 mm,外覆铝箔防潮层。其直径为 200 mm,适用温度为 −30～140 ℃,可以承受的最大流速为 30 m/s,最大工作压力为 2 500 Pa,该风管的优点是质量轻,不用做角钢吊架,可以任意弯曲,没有硬性弯头,可以减少风阻,并且该风管是一体化成型,漏风量小,且不易受潮。连接时,风机置于室外,通过保温风管连接至实验箱体,两者采用管箍连接,实验时,打开风机将室外的冷风引入实验箱体第四节内,形成冷风条件,通过实验箱体第四节后,由另一通风口引出重新放空至室外,以此不断循环。冷风循环系统如图 7.8 所示,风管连接实物图如图 7.9 所示。

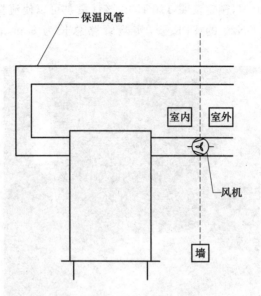

图 7.8　冷风循环系统图

图 7.9　风管连接实物图

7.1.3　实验材料

1. 实验用多孔介质

采用石英砂作为实验用多孔介质。所用砂子综合孔隙率为 33.9%,对所用砂子进行了粒径分析,结果见表 7.1。

表 7.1　所用石英砂粒径分析

粒径/mm	在粒径区间的砂样质量分数/%
<0.16	3.37
0.16~0.315	12.70
0.315~0.5	30.33
0.5~0.71	11.14
0.71~1.18	10.48
>1.18	31.98

2. 实验流体

实验用流体与二维实验所用流体相同,均为水和白油。其基本性质不再赘述。

3. 各装置连接组装

(1)仿真泄漏实验箱体分为四节并配有底座,需要自下而上分层安装。首先将箱体第一节安放在底座上,接着放入承接板支架,该支架高 10 cm,然后用纱布包裹住厚为 6 mm 的钢制筛孔板,将该筛孔板置于支架上。其余各节依次叠放,层与层之间采用螺栓连接。

(2)将泵镶嵌在固定支座上,连接吸水管路至流体储存箱内,另一侧流出管路采用塑融法连接各弯头和阀门,流过泄漏口以后通过另一回管将流体重新流入液体储存箱内。将电加热棒和继电器用温度传感器固定在流体储存箱内,保证电加热棒与箱体壁不接触,且有足够的插入深度,继电器用温度传感器布置在离泵吸入口 5 cm 处。搅拌器一并固定到流体储存箱口内,注意各部件不能相互接触,要有一定的安全距离。

(3)风机镶嵌在固定木板上,将该木板剪裁成与窗户玻璃同样大小,最后将其固定在窗框上。将保温风管连接在风机上,通过管箍加紧固定,另一侧直接与实验箱体第四节通风段相连,套装在为连接保温风管预留的连接管上,然后采用管箍加紧固定。对于出风口采用同样的连接方式。

(4)温度传感器连接数据采集仪,各传感器固定在预先制作好的竹签上,每一个都标有位置标号,以便固定在砂箱指定位置。实验时,各温度传感器分层布置,自下而上布置到顶层。

7.1.4　实验步骤

(1)实验准备阶段,用纱布包住筛孔板,将筛孔板置于支架上,关闭各取样口和排水阀门。

(2)分层填埋石英砂,每一层石英砂都均匀布置至与此节高度相同,然后采用压实器均匀压实,保证整体压实度均匀,之后找准相应位置埋入温度传感器,埋好后,继续布置上节箱体,重复第一节的工作,直至第四节,最后在顶部盖好箱体顶盖。箱体内总共布置 20 个温度传感器,布置方式如图 5.3 所示。

(3)拿掉保温风管处的遮风板,连接风机电源,打开风机,引入室外的冷风,打开安捷伦数据采集仪,记录内部温度变化,利用室外冷风对箱体内进行降温,用室外冷风吹拂48 h以后,通过巡检仪观察内部温度场变化,待温度场稳定满足实验条件后,准备开始实验。

(4)将实验用流体倒入液体储存箱内,调节继电器智能控制器,将温度设定到实验所需温度,开启加热棒进行加热,打开立式搅拌器,使箱体内流体温度更为均匀。

(5)待加热到所需温度以后,打开阀门1、3,开启计量泵调节至最大流量,让流体在循环管路中循环预热管路,然后重新调节计量泵使流量至本次实验所需流量。

(6)开始泄漏实验,关闭阀门3,同时打开阀门2,用秒表记录泄漏时间,用安捷伦数据采集仪记录温度变化数据,直至实验结束。

(7)实验结束后,关闭各阀门、加热棒和计量泵。将实验箱体分层拆卸,更换箱体内的石英砂,以便下次实验。

7.1.5　不确定度分析

1.温度测量的不确定度

由二维实验的不确定度分析可知,在本实验中采用热电偶测量实验箱体内各点的温度,其温度测量综合不确定度 $u=0.328$。

2.流量测量的不确定度

由分析测量方法可知,对流量测量不确定度影响因素主要有:测量重复性引起的不确定度 u_1,标准容器示值产生的不确定度 u_2,秒表读数产生的不确定度 u_3。

测量重复性引起的不确定度采用 A 类评定方法。根据公式(5.1)、(5.2)、(5.3)得到 $u_1=0.149$。

标准容器示值引起的不确定度采用 B 类评定方法。测量误差符合均匀分布,标准容器的读数分辨率为 1 mL,根据公式(5.5)得到 $u_2=0.577$。

秒表读数引起的不确定度采用 B 类评定方法。测量误差符合均匀分布,秒表读数的分辨率为 0.01 s,根据公式(5.5)得到 $u_3=0.006$。

上述不确定度分量不相关,彼此独立,故其合成标准不确定度为

$$u=\sqrt{u_1^2+u_2^2+u_3^2}=0.595$$

7.2　单相介质泄漏三维实验

7.2.1　水介质迁移实验

实验前的准备工作为在实验砂箱底部内侧铺垫一层纱布,作用为防止砂介质从渗漏底板中漏到底层集水腔中,完成后如图 7.10 所示。

完成上述工作后,再在纱布上填装一层比较大的颗粒砂介质,形成承托层和渗透层,

作用为保证底层的通气性和透水性,在形成的承托层上方将初筛的砂介质从底层开始,用整平和压实击打器逐渐填装,各层的填装过程如图 7.11 所示。

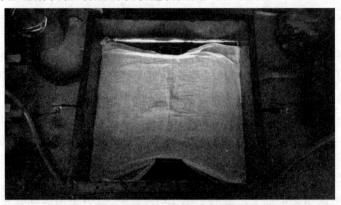

图 7.10　砂箱底层实物图

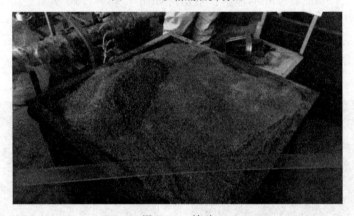

图 7.11　填砂

在填装砂介质的同时,按层将温度传感器和湿度传感器填埋到砂介质中,实验温度和湿度布置方式如图 7.12 所示。

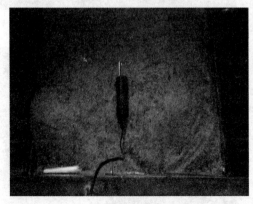

(a) 湿度传感器　　　　　　　　　　　　(b) 温度传感器

图 7.12　传感器安装方式

在埋砂过程中,每层用夯实器夯实,夯实后,砂介质孔隙度降为 30.21% 左右,将砂介质全部埋入实验砂箱中,实验装置准备就绪。

实验的具体操作过程如下:

(1)将制备的水介质倒满计量泵下的储液箱,用加热棒和温控装置将制备的水介质加热到 40 ℃。

(2)将泄漏管上的阀门关闭,打开循环用的两个阀门,将计量泵调节到选用的流量,打开计量泵,将加热的水介质在管路中循环一段时间,使管路流量和温度达到稳定。

(3)打开温度和湿度传感器,准备开始进行泄漏实验。

(4)将循环用阀门关闭,打开泄漏管上的阀门,开始进行泄漏实验,记录下开始实验的时间。

(5)控制泄漏总量,达到泄漏量后,即停止泄漏,将实验砂箱分层拆卸,测量各层的污染情况和水介质分布情况并拍照。

计量泵分别选用额定最大流量的 20%、60%、100%,为控制泄漏总量相同,泄漏时间分别为 10 min、4 min、2.5 min,泄漏扩散情况如图 7.13~7.15 所示。

图 7.13 为将计量泵降低为额定最大泄漏量 20%,泄漏流量约为 8.9 mL/s 时,泄漏时间为 10 min,泄漏污染物在各层的迁移扩散情况,在距砂介质表面 15 cm 处观测到有水介质湿润砂介质,在各层中扩散距离最大为 22 cm,泄漏纵向上,在最底层最大污染直径为 10 cm。

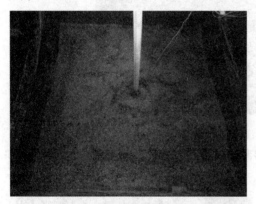

(a) 观测到泄漏污染物

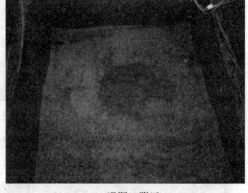

(b) 泄漏口附近

(c) 距泄漏口10 cm

(d) 距泄漏口25 cm

(e) 距泄漏口40 cm

图 7.13　20%开度泄漏扩散情况

图 7.14 为将计量泵降低为额定最大泄漏量 60%,泄漏流量约为 24.4 mL/s 时,泄漏时间为 4 min,泄漏污染物在各层的迁移扩散情况,在距砂介质表面 12 cm 处观测到有水介质湿润砂介质,在各层中扩散距离最大为 20 cm,泄漏纵向上,在最底层最大污染直径为 13 cm。

(a) 观测到泄漏污染物

(b) 泄漏口附近

(c) 距泄漏口10 cm

(d) 距泄漏口25 cm

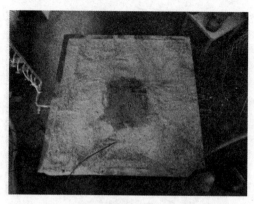

(e) 距泄漏口40 cm

图 7.14　60％开度泄漏扩散情况

　　图 7.15 为将计量泵降低为额定最大泄漏量 100％，泄漏流量约为 37.7 mL/s 时，泄漏时间为 2.5 min，泄漏污染物在各层的迁移扩散情况，在距砂介质表面 8 cm 处观测到有水介质湿润砂介质，在各层中扩散距离最大为 24 cm，泄漏纵向上，在最底层最大污染直径为 20 cm。

(a) 观测到泄漏污染物

(b) 泄漏口附近

(c) 距泄漏口10 cm

(d) 距泄漏口25 cm

(e) 距泄漏口 40 cm

图 7.15　100%开度泄漏扩散情况

　　对比不同泄漏流量的几组实验结果,从实验结果中可以观察到,在不同的泄漏流量中,可溶性流体—水介质在砂介质中表现的迁移范围和污染强度均是不同的,在流量为20%额定最大流量时,管内液体缓慢从泄漏口中泄漏出来,总共用时 10 min,观察水介质在实验砂箱中各层的污染范围,发现在距泄漏孔 20 cm 处,污染范围较 60%额定流量的大,较 100%额定流量的污染范围小,并且小流量泄漏的污染物边界也较不规则,从实验扩散范围分析,认为更多的污染物停留在泄漏口到底层之间,观察泄漏流量为 60%额定最大泄漏量的实验结果,泄漏范围最大直径为 20 cm,在距表面 12 cm 处发现泄漏污染物,观察 100%额定最大流量的实验结果,泄漏流量达到 37.7 mL/s,污染范围较另外两组实验更大,且在距表面 8 cm 处即发现泄漏污染物。泄漏实验数据见表 7.2。

表 7.2　泄漏实验数据

泄漏口流量/(mL·s^{-1})	平面最大直径/cm	污染距表面高度/cm
20%	22	15
60%	20	13
100%	24	20

　　每次实验,在各层从泄漏点每隔 5 cm 取样,测定各层砂样的含水率,用 Origin 绘制成纵切面分布图,如图 7.16 所示。

　　分别观察各个泄漏污染物的分布情况,在额定 20%流量的实验中,泄漏污染物主要存在于泄漏点和底层上端,且污染区域内没有存在较大的浓度区域;在额定 60%流量的实验中,存在一个较大的浓度区域,污染物分布从泄漏点开始,呈现一个柱形;在额定100%流量实验中,污染物从泄漏点开始,具有一个比较大的分布范围,在污染区域内,也形成了一个比较大的浓度区域,且浓度高的区域分布广,在泄漏点下方,有一个很明显的浓度下降区域,分析是管内压力传递造成的。

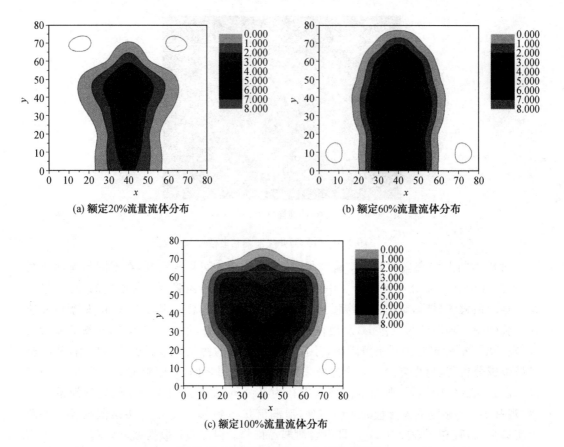

图 7.16　不同泄漏流量水介质分布情况

　　比较 3 种不同流量的污染物分布可以看出,在大流量泄漏中,会造成更大的污染范围,造成原因应该为在泄漏口附近产生了更广的横向污染,且更大的流量会产生更明显的大浓度污染区域。

　　在地下输油管道污染物迁移实验中,由于在砂箱中砂介质的迁移情况不能用肉眼直接观察,利用砂箱中各点的温度变化表征泄漏污染物在砂介质中的迁移扩散实时变化情况,根据在 3 种不同泄漏量的温度变化测量数据来分析污染物的扩散情况。

　　在实验中,泄漏口附近发生温度变化的时间根据流量的变化而变化,变化规律为随着流量增大泄漏口下方温度变化时间逐渐减小,虽然由于控制泄漏总量,额定 100% 流量泄漏流量的泄漏时间最短,但是泄漏口附近温度变化最明显,间接说明污染物污染速率与泄漏口流量具有更直接的关系。

7.2.2　油介质迁移实验

　　实验装置和实验方法与水介质泄漏实验大致相同,不同的是改变了管道中的泄漏流体。由于白油的黏度受温度影响很大,必须严格控制实验白油的温度,在实验过程中需要对加热的白油进行循环,同时进行搅拌,从而达到使泄漏白油均一稳定的目的。

　　在泄漏实验结束后,拆卸泄漏砂箱,各层白油泄漏扩散情况如图 7.17 所示。

(a) 表层污染物

(b) 泄漏口附近污染物

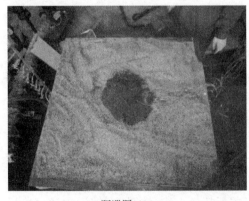
(c) 距泄漏口10 cm

(d) 距泄漏口25 cm

图 7.17　白油泄漏扩散情况

　　观察实验结果,地下管道白油泄漏实验中,在泄漏口有大量的积液,且泄漏污染物从地表涌出,在泄漏过程中样形成了大面积的积液,在拆卸实验装置的各层图片中发现,白油的最大扩散范围仅为 13 cm。

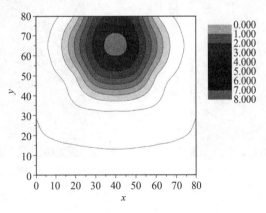

图 7.18　白油在砂介质中的分布情况

在各层每隔 5 cm 取污染土样,采用重量法测量各点的白油含量,最终将测得的数据汇总,用软件绘制成白油在砂介质中的分布情况如图 7.18 所示。

在白油污染质量浓度测量中,发现最高污染质量浓度为 132.43 mg/g,在污染边界质量浓度为 91.23 mg/g,在白油污染区域中,各部分的污染强度都十分大,与水介质在白油中分布比较,白油更难向四周迁移,受污染的砂介质污染强度更高。

7.3　泄漏污染物热质迁移影响因素分析三维实验

利用三维仿真装置进行了埋地管道污染物泄漏热力迁移实验,通过改变不同的实验条件,可以实现冻土与非冻土、不同流量、不同温度和不同污染物的埋地管道污染物泄漏迁移实验。通过预埋的热电偶得到污染物在扩散过程中实时的温度场,比较不同条件下同一时刻温度场的变化情况,分析冻土条件、流量、温度和污染物类型对污染物迁移扩散的影响。

7.3.1　冻土的影响

冻土环境能够改变多孔介质的内部结构,对污染物在多孔介质中的扩散迁移造成一定的影响,李兴柏等人针对冻土影响污染迁移的情况做了部分研究,表明冻融作用会对迁移过程造成显著影响。本实验通过冷风循环系统对箱内的环境进行降温,制造冻土环境,采用 60 ℃的水相流体作为污染物,泄漏流量为 24.4 mL/s,进行 1# 和 2# 泄漏实验,比较冻土与非冻土条件对于污染物迁移影响。

从图 7.19(a)中我们可以看出,在非冻土条件下三维实验箱体内多孔介质的温度场较为统一,整体温度在 8～9 ℃之间变化,上下温差不超过 1 ℃;在图 7.19(b)中通过冷风循环系统不断对箱体内多孔介质表面进行降温,得到了类似于大地冻土条件的温度场变化,即地表温度最低,温度自地表向下逐渐升高,0 ℃等温线距地表 28 cm,表明冻土深度已经达到 28 cm 处。

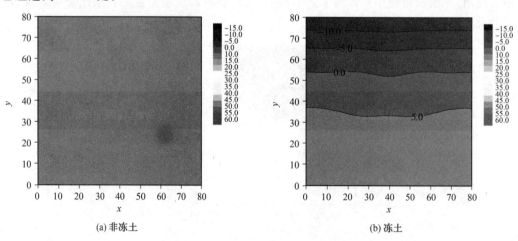

(a) 非冻土　　　　　　　　　　　　　　(b) 冻土

图 7.19　初始温度场

从图 7.20(a)中我们可以看到,污染物泄漏时间经过 300 s,污染物扩散的区域以泄漏口为中心,在垂直方向向下迁移的距离最远,向上迁移距离最近,水平方向介于两者之间。从图 7.20(b)中可以看出,在冻土条件时温度场的形状与非冻土相比有所变化,对比图 7.20(a)可以看出,其整体温度场图形略向下迁移,这主要是受到了地表的低温影响,由于地表温度较低,向上传导的热量与温度较低的砂土换热后,使上部砂土的温度升高较慢。

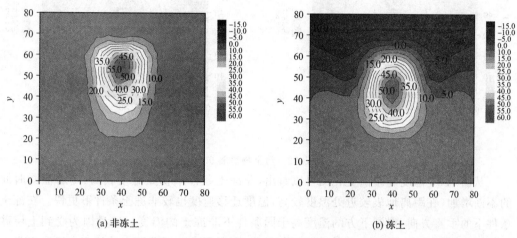

(a) 非冻土　　　　　　　　　　(b) 冻土

图 7.20　污染物泄漏 300 s

在图 7.21(a)中,泄漏时间经过 600 s,可以看出温度影响范围明显扩大,对比图 7.21(b)可以看到,在非冻土条件下温度向上迁移的距离更远。受到冻土低温区域的影响,靠近低温区域处的温度都比非冻土条件要低,这主要是因为污染物的热量传递给低温区域的砂土后自身温度降低,周围砂土的温度本身也较低,使整个污染物扩散区域的温度都不高。

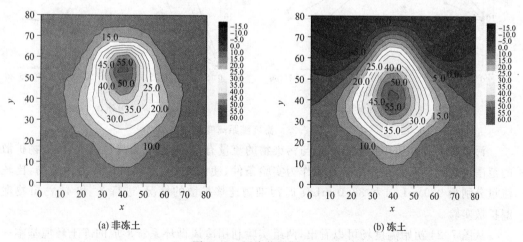

(a) 非冻土　　　　　　　　　　(b) 冻土

图 7.21　污染物泄漏 600 s

从图 7.22 中我们可以看到,泄漏时间经过 900 s,在图 7.22(a)中非冻土条件下,泄漏污染物扩散的温度场已经影响到地表,相比图 7.22(b)污染物扩散区域的高温中心更高,在冻土条件下高温区域向下偏移,非冻土条件下的温度场扩散区域大于冻土。

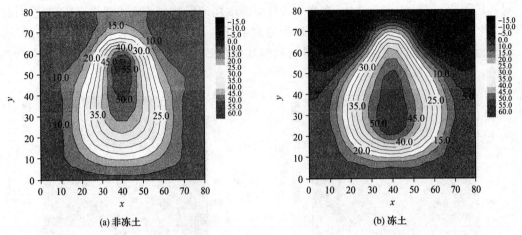

(a) 非冻土　　　　　　　　　　　(b) 冻土

图 7.22　污染物泄漏 900 s

从图 7.23 温度随距离变化图可以看出，非冻土条件下初始温度较高，随着泄漏时间的不断增加，在距离地表较近处温度较高，温度迁移速度也较非冻土条件下更快。在冻土条件下的垂直方向，泄漏下方的温度高于同条件下非冻土的温度。这是因为受到上层砂土的低温影响，导致泄漏的污染物向下方迁移，下方污染物迁移更多使得下方温度更高。

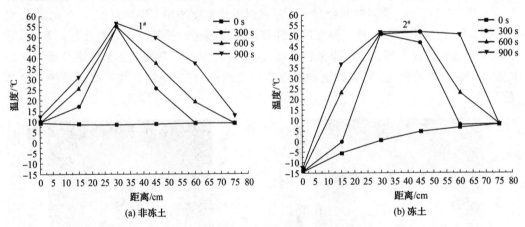

(a) 非冻土　　　　　　　　　　　(b) 冻土

图 7.23　温度随距离变化

污染在多孔介质中扩散区域也与污染物的流量有关，通常认为流量越大，污染物扩散的范围也越大。实验采用冻土环境作为实验条件，使用 40 ℃ 水相流体作为污染物，比较流量分别为 9.9 mL/s 和 38.0 mL/s 时污染物迁移扩散的情况，进行 3# 和 4# 污染物泄漏扩散实验。

从图 7.24 初始温度场可以看出，两组实验利用冷风循环系统形成的冻土环境基本一致，各等温线几乎平行于土表，形成了温度梯度较为稳定的冻土环境温度场。其中 0 ℃ 等温线距离地表约 23 cm。

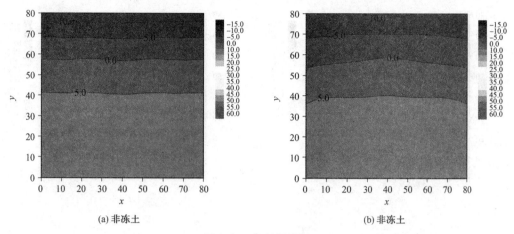

(a) 非冻土　　　　　　　　　　　　(b) 非冻土

图 7.24　初始温度场

从图 7.25(a)可以看出,在污染物泄漏 300 s 时,小流量污染物扩散区域较小,以泄漏口为中心,在垂直方向和水平方向迁移距离相差不大,整体形状较为规则。从图 7.25(b)可以看出,在泄漏时间相同时,大流量的扩散区域要大于小流量,且大流量的图形并不规则,以泄漏口为中心,在垂直方向向下迁移的距离大于向上迁移距离,水平方向迁移距离介于两者之间,在泄漏上方等温线分布较为密集,这主要是因为流量大,向上方迁移的污染物较多,使得上部区域的温度较小流量时更高。

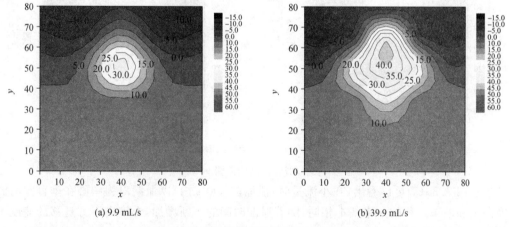

(a) 9.9 mL/s　　　　　　　　　　(b) 39.9 mL/s

图 7.25　污染物泄漏 300 s

从图 7.26 可以看出,随着泄漏时间的不断增加,当泄漏时间达到 600 s 时,在小流量下,温度在各方向的迁移距离发生了变化,其迁移状况类似于大流量下泄漏 300 s 的现象,即以泄漏口为中心,向下迁移距离大于向上迁移距离,水平方向迁移距离有所扩大,但仍然小于在垂直方向向下迁移的距离。在图 7.26(b)中,大流量下污染物扩散速度很快,且可以看到污染物向上迁移的速度有所减慢,向下迁移的速度加快,污染物在下方聚集形成了较为光滑的弧线。这是因为当部分流体向上迁移后,使得后续流体向上迁移困难,迁移速度减小,在重力的作用下向下迁移得更多。

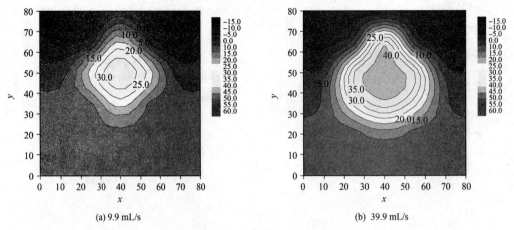

(a) 9.9 mL/s   (b) 39.9 mL/s

图 7.26 污染物泄漏 600 s

从图 7.27 可以看出,当泄漏时间达到 900 s,小流量污染物温度影响区域继续加大,迁移速度基本保持不变,大流量污染物影响区域几乎充满整个箱体,温度场整体呈现椭圆形,随着泄漏量的不断增加,温度内部温度逐渐升高,最终在内部形成了高温区域。

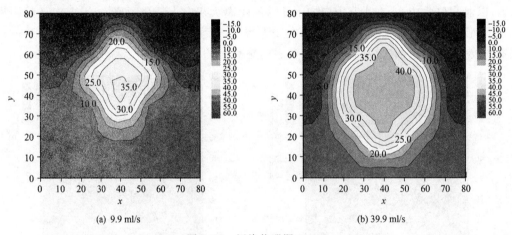

(a) 9.9 ml/s   (b) 39.9 ml/s

图 7.27 污染物泄漏 900 s

从图 7.28(a)可以看出,在小流量时,泄漏前 300 s 内,以泄漏口为中心在垂直方向温度向上和向下迁移的速率基本相同,随着泄漏时间的不断增加,温度向下方迁移的速度不断加快,逐渐形成了下方温度高、上方温度低的温度场。在图 7.28(b)中,可以看到在大流量下,前 300 s 内温度向上迁移的速度大于向下迁移的速度,泄漏口上方的温度较高,当泄漏时间超过 600 s,温度在两个方向的迁移速度逐渐相同,且向下方迁移的距离较远。这是因为在大流量条件下,泄漏初期污染物在泄漏孔堆积较多,有部分流体向上迁移,随着泄漏污染物不断增多,上方阻力变大导致向上迁移更加困难,使得向下迁移的污染物增多,致使下方温度更高。

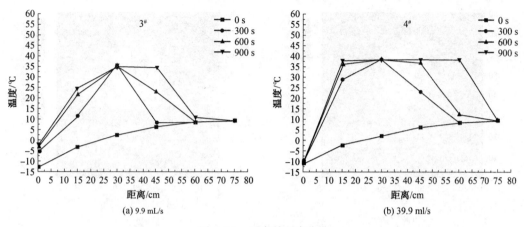

(a) 9.9 mL/s

(b) 39.9 ml/s

图 7.28　温度随距离变化

7.3.2　温度的影响

温度对于污染物和多孔介质的性质都会造成一定的影响,在冻土环境下,温度对于污染物在多孔介质迁移形成温度场的影响将更大。实验采用水相流体作为污染物,流量为 9.9 mL/s,比较污染物温度为 40 ℃ 和 60 ℃ 下在多孔介质中污染物的迁移情况,进行 3# 和 5# 泄漏实验。

从图 7.29 可以看出,两者的初始温度场的等温线近乎与地表平行,温度梯度分布较为均匀,初始温度场比较相似。

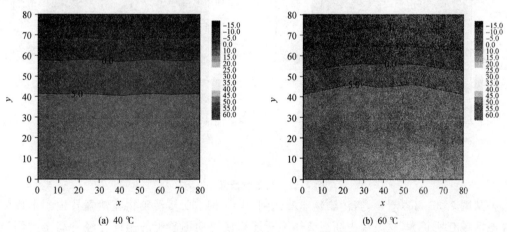

(a) 40 ℃

(b) 60 ℃

图 7.29　初始温度场

从图 7.30 可以看出,泄漏污染物温度较高会使泄漏污染物扩散的温度场等温线更加密集,各等温线之间距离非常近,整体迁移表现出向下迁移大于水平和向上迁移的趋势。在高温条件下温度在垂直方向向下的迁移距离略大于低温时,这是因为高温向下传递热量速度更快。

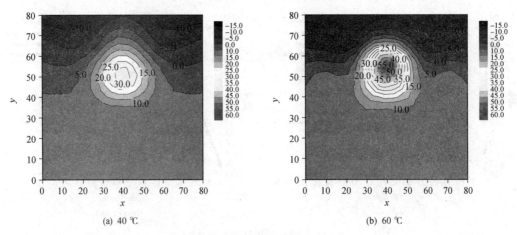

(a) 40 ℃　　　　　　　　　　　　(b) 60 ℃

图 7.30　污染物泄漏 300 s

从图 7.31 可以看出，当泄漏时间达到 600 s 时，60 ℃污染物扩散形成的温度场在泄漏孔中心形成了一个高温区域，高温泄漏污染物的温度扩散范围在垂直向下方向大于低温时的情况，60 ℃污染物向上扩散的速度增加程度十分缓慢，这主要是因为泄漏污染物的温度高，污染物黏度有所下降，使得污染物向下迁移更为容易，导致向上迁移的量减少，温度场也随之变化。

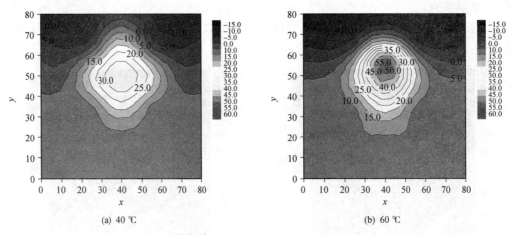

(a) 40 ℃　　　　　　　　　　　　(b) 60 ℃

图 7.31　污染物泄漏 600 s

从图 7.32 可以看出，当污染物泄漏达到 900 s 时，60 ℃污染物在泄漏孔中心形成的高温区域有所扩大，这是因为高温流体不断迁移使得周围砂土的温度已经升高至与污染物相近的温度，随着泄漏时间的不断增加，后面流体继续迁移，但其热量已经不能很快传递给周围的沙土，导致中心温度保持高温。高温污染物扩散形成的温度场扩散范围在水平方向超过了 40 ℃泄漏污染物的温度扩散的水平迁移距离，以泄漏孔为中心在垂直方向向下的迁移距离也略大于 40 ℃时。

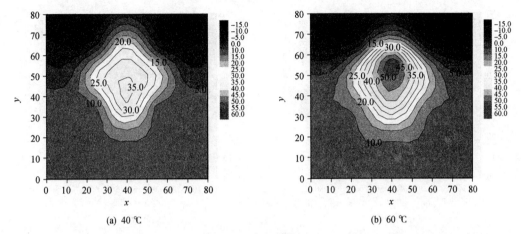

(a) 40 ℃　　　　　　　　　　(b) 60 ℃

图 7.32　污染物泄漏 900 s

　　从图 7.33 中可以看出,在泄漏污染物温度为 40 ℃时,泄漏时间达到 600 s 之前,在泄漏孔上方温度升高速度大于泄漏孔下方,600 s 以后下方污染物迁移速度加快并逐渐大于上方。在泄漏污染物温度为 60 ℃时,前 300 s 内泄漏孔上方温度升高大于泄漏下方,300 s 以后,下方的温度升高速度加快,逐渐超过了上方。从图 7.33(a)和(b)对比来看,高温污染物扩散使得箱体内温度升高速度大于低温时,且高温向下方迁移的速度更快。

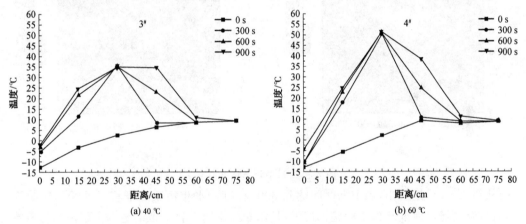

(a) 40 ℃　　　　　　　　　　(b) 60 ℃

图 7.33　温度随距离变化

7.3.3　污染物类型的影响

　　不同泄漏污染物的黏度、密度等性质不同,会对污染物在多孔介质中的迁移造成影响,为了研究这种影响,本组实验采用白油和水两种不同的污染物进行 5# 和 6# 泄漏污染物迁移实验,实验在冻土环境下进行,流量为 9.9 mL/s,污染物温度为 60 ℃。

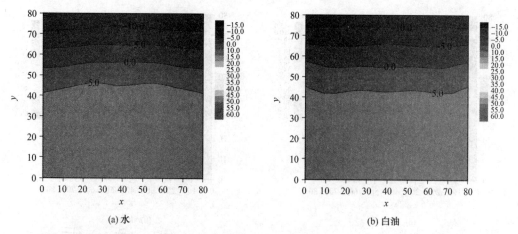

(a) 水　　　　　　　　　　　　　　(b) 白油

图 7.34　初始温度场

从图 7.34 可以看出,两组实验的初始温度场比较接近,各等温线几乎平行,不同等温线的距离基本相近,形成了良好的冻土环境。

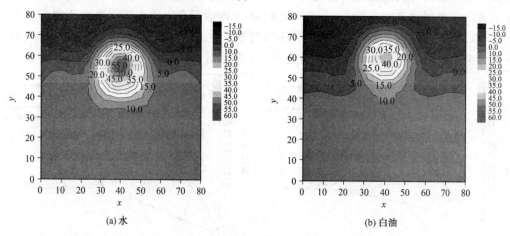

(a) 水　　　　　　　　　　　　　　(b) 白油

图 7.35　污染物泄漏 300 s

从图 7.35 可以看出,当泄漏时间达到 300 s 以后,水相污染物迁移与油相污染物迁移相比,温度场以泄漏孔为中心整体偏下,且水相污染物迁移扩散的范围大于油相污染物扩散的范围。这主要是因为白油的黏度大于水,在砂土中迁移过程中受到的黏性阻力更大,向周围迁移扩散的速度更慢。

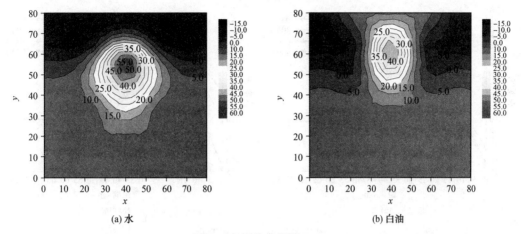

图 7.36 污染物泄漏 600 s

从图 7.36(a)可以看出,当泄漏时间达到 600 s 时,水相污染物物迁移过程中形成的温度场与油相污染物迁移过程中形成的温度场差别进一步加大。主要表现在水相温度场在垂直方向向下迁移速度较快,向上迁移较慢,在水平方向上迁移的距离更大。从图 7.36(b)中我们看到,以泄漏孔为中心,油相污染物在迁移过程中形成的温度场上下差别比较接近,下方略大于上方。这是因为油相污染物黏度大,在砂土中迁移速度较慢,在相同流量下污染物无法及时向周围扩散出去,这就导致油相污染物在泄漏孔附近堆积,一定程度后就向上方砂土压力较小方向迁移。

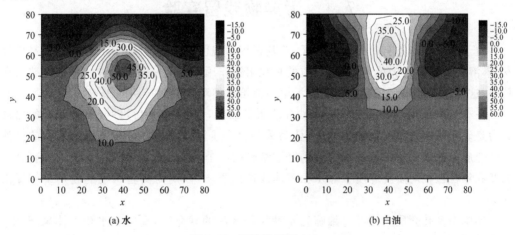

图 7.37 污染物泄漏 900 s

从图 7.37 可以看出,在泄漏时间达到 900 s 时,水相污染物继续向下扩散,温度最远已经迁移到距离地表 61 cm 处 ,而油相污染物向下迁移到距离地表 45 cm 处,向上则已经迁移到土壤表面,在地表可以观察到油相污染物的溢出。在水平方向上水相污染物扩散的范围也远大于白油,这也是因为白油黏度较大,在泄漏孔附近堆积以后大量污染物都向上迁移,最终迁移到地表。

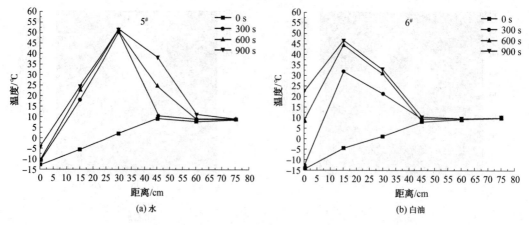

图 7.38 温度随距离变化

从图 7.38 可以看出，与水相污染物相比，油相污染物在距离地表较近的地方较高，高温流体主要在距地表 15 cm 处聚集。在距离地表深度超过 45 cm 以后，砂土温度基本与初始时刻的温度相同，表明温度并没有扩散至此。在迁移速度方面，水相污染物在垂直向下的方向迁移速度更快，油相污染物在垂直向上的迁移速度更快。这是因为水相污染物黏度较小，流体向下迁移更容易，没有在泄漏附近堆积，油相污染物由于黏度较大，受到砂土阻力较大，堆积以后流体大量向上迁移。

7.4 污染物残留实验

由于非水相流体自身的物性特征，使其很容易残留在多孔介质中的缝隙里，在经历挥发、淋溶和降解等行为后，在多孔介质的颗粒阻流作用下仍会使一部分非水相流体残留在其中，这部分残留非水相流体在泄漏污染中会给自然环境造成长期的影响。

在本节中采用重力法排出选用砂介质中的白油，静沉 48 h 后，砂介质中残存的白油认为是砂介质中最大的饱和含油度；认为采用自来水淋滤 24 h 后，砂介质中残留的白油为砂介质中的极限含油量。本节利用经过细筛的各个粒径砂介质和选用 32# 白油研究孔隙度和颗粒粒径对多孔介质中非水相流体残留的影响，以期为实验课题的后期工作提供依据。

实验中多孔介质采用经过细筛的 4 种粒径区间的砂介质，实验非水相流体采用 32# 白油，两种物质的理化性质见表 5.1 和 5.2。多孔介质砂介质的粒径分布还可以用 d_{10}、d_{50} 和 d_{60} 表示，其中 d_{10} 称为有效粒径，d_{50} 称为中值粒径，经常用于表示多孔介质中的平均粒径，d_{60} 称为控制粒径。用以上 3 个表征参数还可以求出砂介质的不均匀系数 C_u 来反映粒径的不均匀程度，在实际工程上常把 $C_u \leqslant 5$ 的砂土称为均粒砂土；常把 $C_u > 5$ 的砂土称为非均匀砂土。曲率系数 C_c 反映粒径分布曲线的整体形状和其中细粒径的含量，当 $C_c < 1.0$ 时，砂土的级配往往不连续，但细颗粒质量分数大于 30%；当 $C''_c > 3.0$ 时，砂土虽然仍不连续，但细颗粒质量分数小于 30%；所以 $C_c = 1 \sim 3$ 时砂土级配的连续性较好。两者的计算公式如下：

$$C_u = \frac{d_{60}}{d_{10}} \tag{7.1}$$

$$C_c = \frac{d_{30}^2}{d_{60} \times d_{10}} \tag{7.2}$$

从选用砂介质经过细筛后的 0.16～0.315 mm、0.315～0.5 mm、0.5～0.71 mm 和 0.71～1.18 mm 共 4 个粒径范围的测量粒径参数见表 7.3。

表 7.3　选用砂介质的堆积密度及性质参数

砂介质种类	干密度/(g·cm^{-2})	d_{10}	d_{30}	d_{50}	d_{60}	C_u	C_C
0.16～0.315	1.93	0.176	0.207	0.238	0.253	1.438	0.962
0.315～0.5	2.04	0.334	0.371	0.408	0.426	1.275	0.967
0.5～0.71	2.14	0.521	0.563	0.605	0.626	1.202	0.972
0.71～1.18	2.28	0.757	0.851	0.945	0.992	1.310	0.964

在残留实验中自行设计了多孔介质残留实验测量装置,配合索氏提取器、分析天平、恒温水浴振荡箱等联合使用。

如图 7.39 所示的装置中,砂土腔为内径为 5.0 cm,高为 10.0 cm 的圆筒柱,柱中用于装不同粒径的砂介质,在圆筒柱中的砂土腔和集液腔采用铁质钢网分隔,防止砂土腔中砂介质泄漏并且能承托上层质量,整个圆筒柱固安装在中间掏空的桌面,在圆筒柱的上端加设带密封圈的不锈钢盖,各腔的分隔中加滤布。

实验方法为:将选用的 4 种粒径区间的砂介质按照可视化迁移实验中的堆积密度填装入砂土腔中,然后用蠕动泵以 2 mL/min 的恒流速度从土柱上端进油,直到下端发现有白油流出,停止进油,停止进油后平衡 72 h,通过土柱在实验前后的质量变化为 m_1,则所用砂介质最大的残留饱和度为

$$S_0 = \frac{m_1}{\rho V_m P_m} \tag{7.3}$$

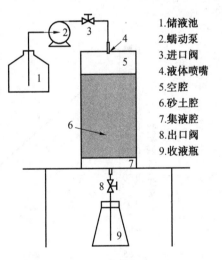

1. 储液池
2. 蠕动泵
3. 进口阀
4. 液体喷嘴
5. 空腔
6. 砂土腔
7. 集液腔
8. 出口阀
9. 收液瓶

式中　ρ——32$^{\#}$白油的密度,g/cm^3;

　　　V_m——自然堆积砂介质体积, cm^3;

　　　P_m——当前砂介质的孔隙率。

然后用蠕动泵从上端以 10 mL/min 的流量从圆筒柱上端进水,通过喷嘴均匀播散

图 7.39　多孔介质残留实验测量装置

到砂介质表面,每过一个小时的淋滤,观察渗出液是否仍有可观测到的白油,当无法用肉眼观测到白油后,将白油含量高的渗出液采用物理方法利用分液漏斗分离出来,含量比较小的渗出液采用蒸馏方法提取出其中的白油,最终所有的白油质量为 m_2,则在选用的各粒径区间砂介质在当前堆积密度中的极限残留饱和度为

$$S_{\max} = \frac{m_1 - m_2}{\rho V_{\mathrm{m}} P_{\mathrm{m}}} \tag{7.4}$$

为了解重力静沉和淋滤对砂介质中白油残留的直接影响，在停止进油的开始时刻对圆筒柱的质量进行测量，得出砂介质持油的初始残留饱和度，测量结果如图 7.40 所示。

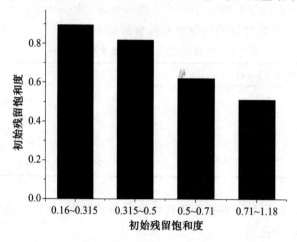

图 7.40　初始残留饱和度

小颗粒组成的多孔介质由于孔隙度通常比较小，则持油能力比较强，根据 Hong G. E 和 Marlay M. C 的研究发现，多孔介质中汽油的残留饱和度与多孔介质的平均粒径呈线性关系，本书将选用的 $32^{\#}$ 白油与平均粒径的关系也做了线性方程的表达，如图 7.41 所示。

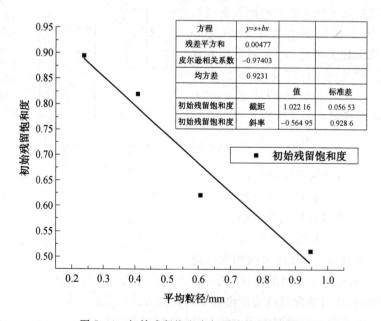

图 7.41　初始残留饱和度与平均粒径的关系

在经过静沉 72 h 和淋滤之后，多孔介质中白油残留饱和度变化情况如图 7.42 所示。

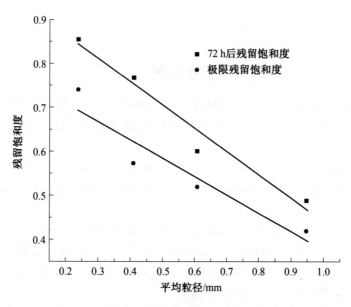

图 7.42　静沉和淋滤后残留饱和度与平均粒径的关系

表 7.4　静沉和淋滤后残留饱和度与平均粒径的拟合结果

方程		$y=a+bx$	
方差	0.003 03	0.005 54	
R^2	0.943 88	0.845 7	
		数值	标准误差
72 h 后残留饱和度	截距	0.969 32	0.045 03
	斜率	−0.530 65	0.073 98
极限残留饱和度	截距	0.792 38	0.060 9
	斜率	−0.417 82	0.100 04

　　由砂介质中白油的残留情况可以看出,在粒径大的多孔介质中,白油含量相对较低,粒径小的砂介质对白油具有更强的吸附能力。另外,在静止沥渗 72 h 后,砂介质中白油残留饱和度降低 3.4%~5.0%,根据之前挥发特性的研究,白油在常温下基本不发生挥发,白油在砂介质中的自流性表现弱,在长时间的静沉下,仍然保持高残留度,这也说明了石油污染物在砂介质中污染影响时间长的特性。

　　在经过淋滤之后,砂介质中的白油残留饱和度降低 11.2%~15.8%,白油在砂介质中的极限残留饱和度在 0.42~0.74 之间,相比于 72 h 沥渗的结果,淋滤对砂介质中的白油具有更好降低残留的作用;在砂介质中残留饱和度与砂介质的平均粒径的拟合结果中,残留饱和度与各粒径区间平均粒径呈一元线性相关。

参考文献

[1] 马欣. 现役长输管道风险分析技术研究[D]. 兰州：兰州理工大学，2005.

[2] 魏立新. 基于智能计算的油田地面管网优化技术研究[D]. 大庆：大庆石油学院，2005.

[3] YANG Ronggen, REN Mingwu. A new leak detection scheme for crude oil transmission pipeline[J]. Journal of Computational Information Systems, 2011：2820-2827.

[4] LI Yibo, SU Liying, WANG Likun, et al. Design of leakage detection and location system for long range crude oil pipeline[C]// 2010 8th IEEE International Conference on Control and Automation, ICCA 2010, June 9-11, 2010, Xiamen, China. Xiamen：IEEE, c2010：1742-1746.

[5] 王占山，张化光，冯健，等. 长距离流体输送管道泄漏检测与定位技术的现状与展望[J]. 化工自动化及仪表，2003，30 (5)：5-10.

[6] 丁浩，张星臣. 长距离输油管道泄漏检测技术研究[J]. 北京交通大学学报，2004，28 (6)：82-86.

[7] 李炜，朱芸. 长输管线泄漏检测与定位方法分析[J]. 天然气工业，2005，25 (6)：105-109.

[8] ADAIRDESMOND, EMARA-SHABAIK, et al. Leakage detection and location of compressible flow in a pipeline[A]. 2014 10th International Pipeline Conference, IPC 2014.

[9] YUAN Jianming, WU Xinjun, KANG Yihua, et al. Development of an inspection robot for long-distance transmission pipeline on-site overhaul[J]. Industrial Robot：An International Journal, 2009, 36(6)：546-550.

[10] ZHANG Lan, ZHANG Laibin, FAN Jianchun, et al. Gas transmission pipeline defect detection based on new intense magnetic memory ILI tool[C]// International Conference on Pipelines and Trenchless Technology 2009, ICPTT 2009：Advances and Experiences with Pipelines and Trenchless Technology for Water, Sewer, Gas, and Oil Applications, October 18-21, 2009, Shanghai, China. Shanghai：ASCE, c2009：224-229.

[11] BECK S B M, STASZEWSKI W J. Leak detection in pipeline networks using low-profilepiezoceramic transducers[J]. J. Struct. Control Health Monit, 2007, (14)：1063-1082.

[12] PARANJAPE R, LIU N, RUMPLE C. A Distributed fiber optic system for oil pipeline leakage detection[J]. Proceedings of SPIE-The International Society for Optical Engineering, 2002, 4833：206-213.

[13] SONG Shan, LI Wang, ZHOU Jinfeng. Leakage detection of oil pipeline using distributed fiber optic sensor[C]// International Conference on Smart Materials and Nanotechnology in Engineering, July 1-4, 2007, Harbin, China. Harbin: SPIE, c2007.

[14] TANIMOLA FEMI, HILL DAVID. Distributed fibre optic sensors for pipeline protection [J]. Journal of Natural Gas Science and Engineering, 2009, 1 (4): 134-143.

[15] RAVET FABIEN, BRACKEN MARC, DUTOIT DANA, et al. Extended distance fiber optic monitoring for pipeline leak and ground movement detection[C]// 2008 ASME International Pipeline Conference, IPC 2008, September 29 - October 3, 2008, Calgary, Canada. Calgary: ASME, c2009: 539-553.

[16] CHEN Huabo, TU Yaqing, LUO Ting. A method for oil pipeline leak detection based on distributed fibre optic technology[J]. Proceedings of SPIE, 1998, 3555: 77-82.

[17] WANG G Z, FANG C Z, WANG K F. State estimation and leak detection and location in pipeline [J]. IECONProceedings, 1991, (1): 155-160.

[18] HAO Y, WANG G Z, FANG C Z. Applicationof wavelet transform to leak detection and location in transport pipelines [J]. Engineering Simulation, 1996, 13 (6): 1025-1032.

[19] 夏海波, 张来斌, 王朝晖, 等. 小波分析在管道泄漏信号识别中的应用[J]. 石油大学学报(自然科学版), 2003, 02: 78-80, 86.

[20] 王正, 刘明亮, 孙来军, 等. 基于小波的输油管道泄漏信号去噪处理[J]. 现代电子技术, 2009, 23: 127-129, 132.

[21] 刘明亮, 孙来军, 乔常明, 等. 基于小波的输油管道泄漏信号去噪处理[J]. 现代电子技术, 2009, 23: 127-129, 132.

[22] 刘恩斌, 李长俊, 彭善碧. 应用负压波法检测输油管道的泄漏事故[J]. 哈尔滨工业大学学报, 2009, 41(11): 285-287.

[23] ZHANG Jun. Statistical leak detection in gas and liquid pipeline [J]. Pipes & Pipelines international, 1993, 8: 26-29.

[24] ZHANG Jun. Designing a cost-effective and reliable pipeline leak-detection system [J]. Pipes & pipelines international, 1997, 2: 20-26.

[25] ZHANG Jun. Statistical pipeline leak detection for all operating conditions [J]. Pipeline and Gas Journal, 2001, 229 (2): 42-45.

[26] HAMANDE A, CONDACSE V. New system pinpoints Leaks in ethylene pipeline [J]. Pipeline and Gas Journal, 1995, 222: 438-441.

[27] 郑杰, 吴荔清, 刘润华, 等. 输油管道泄漏检测信号的统计处理方法[J]. 石油大学学报(自然科学版), 2001, 25(3): 84-85.

[28] HOEIJMAKERS J, LEWIS J. Real time statistical leak detection on the RRP crude

oil network // [C]. Proceedings of the International Pipeline Conference, IPC. 2002:1075-1080.

[29] 刘金海,张化光,冯健.基于压力时间序列的输油管道在线泄漏故障诊断算法[J].东北大学学报(自然科学版),2009,30(3):321-324.

[30] 葛传虎,王桂增,叶昊.瞬变流能量损耗对管道泄漏检测的影响[J].化工学报,2008,59(7):1715-1720.

[31] 郭新蕾,杨开林.基于瞬变流和遗传算法的管道泄漏辨识[J].计算力学学报,2009,26(5):664-669.

[32] 胡瑾秋,张来斌,梁伟,等.基于谐波小波分析的管道小泄漏诊断方法[J].中国石油大学学报(自然科学版),2009,33(4):118-124.

[33] 张宇,李健,陈世利,等.基于混沌特性的输油管道泄漏识别方法[J].纳米技术与精密工程,2009,7(4):337-341.

[34] ABDUL H,MALHOTRA V N. Detection of leaks proceeding pipes [J]. Pipes & Pipeline International,1999,44(5):23-32.

[35] WIKE A. SCADA-based leak detection systems[J]. Pipeline and Gas Journal,1986,213(6):16-20.

[36] SURSON W E,WADE W R, RACHFORD J R H H. Detection of leaks in pipeline networks using standard SCADA Information[C]. PSIG Annual Meeting, October 30-31. New Orleans, Louisjana,1986.

[37] 郭鹏,赵会军,慈智,等.基于次声波法的天然气管道泄漏检测[J].油气田地面工程,2014,08:43-44.

[38] LI Han,XIAO Deyun, ZHAO Xiang. A field-pipeline leakage detection method based on negative pressure wave and improved fast differential algorithm[C]// 2009 2nd International Conference on Information and Computing Science, ICIC 2009,May 21-22,2009,Manchester, United kingdom. Manchester:IEEE,c2009: 127-130.

[39] XU Dongling,LIU Jun,YANG Jianbo,et al. Inference and learning methodology of belief-rule-based expert system for pipeline leak detection[J]. Expert Systems with Applications,2007,(32):103-113.

[40] VITKOVSKY J P, LAMBERT M F, SIMPSON A R, et al. Experimental observation and analysis of inverse transients for pipeline leak detection[J]. Journal of Water Resources Planning and Management,2007,133(6):519-530.

[41] DA SILVAH V,MOROOKA C K, GUILHERME I R,et al. Leak detection in petroleum pipelines using a fuzzy system[J]. Journal of Petroleum Science and Engineering,2005,49:223-238.

[42] MPESHA W,GASSMAN S L,CHAUDHRY M H. Leak detection in pipes by frequency response method[J]. Journal of Hydraulic Resealch, 2002,127(2): 134-147.

［43］ VALIZADEH S, MOSHIRI B, SALAHSHOOR K. Leak detection in transportation pipelines using feature extraction and KNN classification［C］// Pipelines 2009 Conference, Pipelines 2009: Infrastructure's Hidden Assets, August 15-19, 2009, San Diego, CA, United states. San Diego: ICIC, c2009: 580-589.

［44］ LIU Enbin, LI Changjun, PENG Shanbi, et al. Application of oil pipeline leakage detection and location system based on negative pressure wave theory［C］// International Conference on Pipelines and Trenchless Technology 2009, ICPTT 2009: Advances and Experiences with Pipelines and Trenchless Technology for Water, Sewer, Gas, and Oil Applications, October 18-21, 2009, Shanghai, China. Shanghai: ASCE, c2009: 148-155.

［45］ HE San, ZOU Yongli, YUAN Zongming, et al. Feasibility study on pipeline leakage detection under pressure testing using numerical inversion technology［C］// International Conference on Pipelines and Trenchless Technology 2009, ICPTT 2009: Advances and Experiences with Pipelines and Trenchless Technology for Water, Sewer, Gas, and Oil Applications, October 18-21, 2009, Shanghai, China. Shanghai: ASCE, c2009: 193-202.

［46］ LI Yibo, SUN Liying. Leakage detection and location for long range oil pipeline using negative pressure wave technique ［J］. ICIEA 2009, 148(5): 3220-3224.

［47］ COVAS D, RAMOS H, ALMEIDA A B. Standing wave difference method for leak detection in pipeline systems［J］. Journalof Hydraulic Engineeri, 2005, 131(12): 1106-1116.

［48］ 杨荣根, 任明武, 叶有培. 广义相关时延估计在管道泄漏检测中的应用［J］. 计算机工程, 2009, 35(12): 214-215.

［49］ DONNELLY A, BOND A, LAVEN K. Application of advanced leak detection technologies in Portugal ［C］// Pipelines 2009 Conference, Pipelines 2009: Infrastructure's Hidden Assets, August 15-19, 2009, San Diego, CA, United states. San Diego: ASCE, c2009: 489-498.

［50］ VERDE C, MORALES-MENENDEZ R, GARZA L E, et al. Multi-leak diagnosis in pipelines – A comparison of approaches ［C］// 7th Mexican International Conference on Artificial Intelligence, MICAI 2008, October 27-31, 2008, Atizapan de Zaragoza, Mexico. Zaragoza: IEEE, c2008: 352-357.

［51］ ZHAO Jiang, HAO Chongqing, ZHAO Yingbao, et al. Research on crude oil pipeline leakage detection and location based on information fusion ［C］// 1st International Workshop on Education Technology and Computer Science, ETCS 2009, March 7-8, 2009, Wuhan, Hubei, China. Wuhan: IEEE, c2009: 201-204.

［52］ INAGAKI T, OKAMOTO Y. Diagnosis of the leakage point on a structure surface using infrared thermography in near ambient conditions ［J］. NDT&E

International,1997,30(3):135-142.

[53] HIERL T,GROSS W,SCHEUERPFLUG H,et al. Infrared imaging of buried heat sources and material nonuniformities[J]. Proceedings of SPIE,3061:943-953.

[54] WU Guozhong, SONG Fenfen, LI Dong. Infrared temperature measurement and simulation of temperature field on buried pipeline leakage[C]// International Conference on Pipelines and Trenchless Technology 2009, ICPTT 2009: Advances and Experiences with Pipelines and Trenchless Technology for Water, Sewer, Gas, and Oil Applications, October 18-21, 2009, Shanghai, China. Shanghai: ASCE,c2009:203-209.

[55] WANG Likun,JIN Shijiu,LI Jian,et al. Leakage real-time detection and location system of oil pipeline[C]//WCICA 2004 - Fifth World Congress on Intelligent Control and Automation, Conference Proceedings,June 15-19,2004,Hangzhou, China. Hangzhou:IEEE,c2004:1675-1679.

[56] SADOVNYCHIY S,RAMIREZ T. Theoretical base for pipeline leakage detection by means of IR camera[J]. Aerospacel defense Sensing, Simulation & Controls, 2001,177-183.

[57] CARY J W, SIMMONS C S, MCBRIDE J F. Predicting oil infiltration and redistribution in unsaturated soils[J]. Soil Science Society of America Journal, 1989,53(2): 335-342.

[58] HOFSTEE C,OOSTROM M,DANE J H,et al. Infiltration and redistribution of perchloroethylene in partially saturated, stratified porous media[J]. Journal of contaminant hydrology,1998,34(4): 293-313.

[59] ECKBERG D K, SUNADA D K. Nonsteady Three-Phase Immiscible Fluid Distribution In Porous Media [J]. Water Resources Research, 1984, 20 (12): 1891-1897.

[60] OOSTROM M, HOFSTEE C, WIETSMA T W. Behavior of a viscous LNAPL under variable water table conditions[J]. Soil & Sediment Contamination,2006, 15(6): 543-564.

[61] MA USMEN, YB ACAR. Environmental Geotechnology [M]. Boca Raton: FL, Crc Press, 1992.

[62] GEEL PJ V, SYKES J F. The importance of fluid entrapment, saturation hysteresis and residual saturations on the distribution of a lighter-than-water non-aqueous phase liquid in a variably saturated sand medium [J]. Journal of Contaminant Hydrology, 1997, 25(3): 249-270.

[63] WIPFLER E L,NESS M,BREEDVELD G D,et al. Infiltration and redistribution of LNAPL into unsaturated layered porous media[J]. Journal of Contaminant Hydrology,2004, 71(1): 47-66.

[64] ISHAKOGLU A,BAYTAS A F. Measurement and evaluation of saturations for

water, ethanoland a light non-aqueous phase liquid in a porous medium by gamma attenuation[J]. Applied Radiation and Isotopes,2002,56(4):601-606.

[65] PARKER J C, LENHARD R J, KUPPUSAMY T. Parametric model for constitutive properties governing multiphase flow in porous media[J]. Water Resources Research, 1987,23(4):618-624.

[66] KECHAVARZI C, SOGA K, LLLANGASEKARE T H. Two-dimensional laboratory simulation of LNAPL infiltration and redistribution in the vadose zone [J]. Journal of Contaminant Hydrology,2005,76(3):211-233.

[67] LENHARD R J,PARKER J C. Experimental validation of the theory of extending two - phase saturation - pressure relations to three - fluid phase systems for monotonic drainage paths[J]. Water Resources Research,1988,24(3):373-380.

[68] ABDUL A S. Migration of petroleumproducts through sandy hydrogeologic systems[J]. Groundwater Monitoring & Remediation,1988,8(4):73-73.

[69] SCHROTH M H, ISTOK J D, SELKER J S. Three-phase immiscible fluid movement in the vicinity of textural interfaces [J]. Journal of contaminant hydrology, 1998, 32(1):1-23.

[70] DROR I,GERSTL Z,PROST R,et al. Abiotic behavior of entrapped petroleum products in the subsurface during leaching [J]. Chemosphere, 2002, 49 (10): 1375-1388.

[71] CHIOU C T, PETERS L J, FREED V H. A physical concept of soil-water equilibria for nonionic organic compounds[J]. Science,1979,206(16):831-832.

[72] CHEVALIER L R,FONTE J M. Correlation model to predict residual immiscible organic contaminants in sandy soils [J]. Journal of hazardous materials, 2000,72(1):39-52.

[73] BEAR J. Dynamics of fluids in porous media [M]. New York:Courier Corporation,2013.

[74] HOAG G E, MARLEY M C. Gasoline residual saturation in unsaturated uniform aquifer materials [J]. Journal of Environmental Engineering, 1986, 112 (3): 586-604.

[75] 吴国忠,邢畅,齐晗兵,等.输油管道多点泄漏地表温度场数值模拟[J].油气储运, 2011,30(9):677-680.

[76] 李朝阳,马贵阳,刘亮.埋地输油管道泄漏油品扩散模拟[J].油气储运,2011,30(9): 674-676.

[77] 朱红钧,袁清华,陈小榆,等.输油管道泄漏点处原油流动局部流场的模拟[J].内蒙古石油化工,2009,35(1):35-37.

[78] 马贵阳,刘晓国,郑平.埋地管道周围土壤水热耦合温度场的数值模拟[J].辽宁石油化工大学学报,2007,27(1):40-43.

[79] 马贵阳,杜明俊,付晓东,等.管道冬季泄漏土壤热波动及原油渗流数值计算[J].

西南石油大学学报(自然科学版),2010,32(6):169-174.

[80] 熊兆洪,李振林,宫敬,等.埋地管道小泄漏模型及数值求解[J].石油学报,2012,33
     (3):493-498.

[81] 付泽第.埋地成品油管道小孔泄漏扩散的数值仿真模拟[D].北京:北京交通大
     学,2014.

[82] 郑平,马贵阳,顾锦彤.带伴热管的埋地管道土壤温度场数值模拟[J].油气储运,
     2007,26(5):15-17.

[83] 郭孝峰,夏再忠,吴静怡,等.埋地管道温度特性数值模拟与相似性实验研究[J].
     太阳能学报,2010,31(6):727-731.

[84] 杜明俊,马贵阳,李吉宏,等.冻土区热油管道周围土壤水热耦合数值模拟[J].油气
     储运,2010,29(9):665-668.

[85] 杜明俊,马贵阳,张春生,等.多年冻土区埋地管道周围土壤温度场数值模拟[J].油
     气田地面工程,2010,29(10):12-14.

[86] 符泽第,兰惠清,张永龙,等.河流穿越管道小孔泄漏数值模拟[J].油气储运,2014,
     33(1):10-14.

[87] 张海玲.埋地管道泄漏的温度场数值模拟研究[D].大庆:大庆石油学院,2008.

[88] 韩光洁.埋地燃气管道泄漏量计算及扩散规律研究[D].重庆:重庆大学,2014.

[89] 吴国忠,鲁刚,杨丽梅.输油埋地管线传热实验研究[J].油气田地面工程,
     2003,22(5):8-9.

[90] 王龙,崔秀国,苗青,等.埋地热油管道非稳态传热的环道试验[J].油气储
     运,2011(1):56-59.

[91] 陈超,董连江,林泊成.埋地管道传热试验方案[J].油气储运,2007,26(10):32-34.

[92] 袁朝庆,庞鑫峰,张敏政.埋地管道泄漏三维大地温度场仿真分析[J].西安石油大学
     学报(自然科学版),2007,22(2):166-168.

[93] 王久龙.基于红外成像技术的埋地管道泄漏定位实验研究[D].大庆:大庆石油学
     院,2008.

[94] 庞鑫峰.埋地供热管道泄漏三维大地温度场仿真计算[D].大庆:大庆石油学
     院,2006.

[95] 薛强,梁冰,刘建军,等.石油污染组分在包气带土壤中运移的数值仿真模型及应用
     [J].系统仿真学报,2005,17(11):2589-2592.

[96] 杨宾,李慧颖,伍斌,等.4种NAPLs污染物在二维砂箱中的指进锋面形态特征研究
     [J].环境科学,2013,34(4):1545-1552.

[97] 陈家军,尚光旭,杨官光,等.多孔介质水油两相系统相对渗透率与饱和度关系试验
     研究[J].水科学进展,2009,20(2):261-268.

[98] 赵东风,赵朝成,王联社,等.石油类污染物在土壤中的迁移渗透规律[J].石油大学
     学报:自然科学版,2000,24(3):64-66.

[99] 纪学雁,刘晓艳,李兴伟,等.分层土柱法研究石油类污染物在土壤中的迁移[J].能
     源环境保护,2005,19(1):43-45.

[100] 刘晓艳,史鹏飞,孙德智,等.大庆土壤中石油类污染物迁移模拟[J].中国石油大学学报(自然科学版),2006,30(2)：120-124.

[101] 岳战林,蒋平安,贾宏涛,等.石油类在环境非敏感区土壤中的迁移规律研究[J].新疆农业大学学报,2006,29(2)：62-64.

[102] 武晓峰,唐杰,藤间幸久.地下水中轻质有机污染物(LNAPL)透镜体研究[J].环境污染与防治,2000,03：17-20＋26.

[103] 李永涛,王文科,王丽,等.轻非水相液体在非饱和带运移特征及分布规律研究[J].安全与环境学报,2009,9(5)：84-87.

[104] 李兴柏,李国玉.温度梯度对多年冻土区石油迁移影响的研究[J].甘肃科学学报,2013,25(1)：73-76.

[105] 潘峰,陈丽华,付素静,等.石油类污染物在陇东黄土塬区土壤中迁移的模拟试验研究[J].环境科学学报,2012,32(2)：410-418.

[106] 马艳飞,郑西来,冯雪冬,等.均质多孔介质中石油残留与挥发特性[J].石油学报：石油加工,2011,27：965-971.

[107] 叶自桐,韩冰,杨金忠,等.岩石裂隙毛管压力-饱和度关系曲线的试验研究[J].水科学进展,1998,9(2)：112-117.

[108] 李朝阳,马贵阳,刘亮.埋地输油管道泄漏油品扩散模拟[J].油气储运,2011,30(9)：674-676.

[109] 何耀武,区自清,孙铁珩.多环芳烃类化合物在土壤上的吸附[J].应用生态学报,1995,6(4)：423-427.

[110] 王东海,李广贺,刘翔,等.包气带中残油动态释放实验研究[J].环境科学学报,2000, 20(2)：145-150.

[111] 连会青,武强,李铎.石油污染物在浅层孔隙介质中的吸附与迁移[J].辽宁工程技术大学学报(自然科学版),2006,24(6)：936-939.

[112] 黄廷林,史红星,任磊.石油类污染物在黄土地区土壤中竖向迁移特性试验研[J].西安建筑科技大学学报(自然科学版),2001,33(2)：108-111.

[113] SCHEIDEGGCR A E.多孔介质中的渗流物理[M].王鸿勋,译.北京:石油工业出版社,1982.

[114] 郑冰.包气带轻油(LNAPL)污染多相流实验研究[D].北京:北京师范大学,2004.

[115] 郑德凤,赵勇胜,王本德.轻非水相液体在地下环境中的运移特征与模拟预测研究[J].水科学进展,2002,13(3)：321-325.

[116] 王丽.轻非水相液体(LNAPL)污染土壤多相流实验研究[D].西安:长安大学,2009.

[117] 姚海林,杨洋,程平,等.膨胀土标准吸湿含水率试验研究[J].岩石力学与工程学报,2004,23(17)：3009-3013.

[118] 段旭,王彦辉,程积民.宁夏固原云雾山天然草坡土壤电阻率和含水率的关系及其空间变异[J].农业工程学报,2012,28(7)：130-137.

[119] 詹良通,穆青翼,陈云敏,等.利用时域反射法探测砂土中 LNAPLs 的适用性室内

试验研究[J].中国科学:技术科学,2013,43(8):885-894.

[120] 潘金梅,张立新,吴浩然,等.土壤有机物质对土壤介电常数的影响[J].遥感学报,2012,16(1):1-24.

[121] WALDRON I,MAKAROV S N,BIEDERMAN S,et al.Suspended ring resonator for dielectric constant measurement of foams[J].Microwave and Wireless Components Letters, IEEE,2006,16(9):496-498.

[122] 高源慈,谢扩军.沥青混凝土介电常数的波导法测试[C].成都:2007中国仪器仪表与测控技术交流大会论文集,2007.

[123] 吴国忠,郭恩玥,齐晗兵,等.埋地输油管道泄漏污染物热力迁移实验技术研究进展[J].当代化工,2014,43(9):1939-1942.

[124] 陈振乾,施明恒.大气对流对土壤内热湿迁移影响的实验研究[J].太阳能学报,1999,20(1):87-92.

[125] 刘业凤,张峰,杨标,等.稳定运行的土壤源热泵系统管群内外土壤温度场对比分析[J].制冷学报,2013,34(2):75-80.

[126] 王久龙.基于红外成像技术的埋地管道泄漏定位实验研究[D].大庆:大庆石油学院,2008.

[127] 吴国忠,李栋,魏海臣,等.红外成像技术在管道防盗检测中的应用可行性[J].油气储运,2005,24(9):49-50.

[128] 李栋,吴国忠,李永柱,等.基于红外成像的埋地热油管道定位方法[J].管道技术与设备,2008,3:22-23.

[129] 吴国忠,邢畅,王玉石,等.地下管道泄漏过程地表温度场红外检测实验[C]//.中国力学学会、中国石油学会、中国煤炭学会、中国岩石力学与工程学会.渗流力学与工程的创新与实践——第十一届全国渗流力学学术大会论文集.重庆:渗流力学与工程的创新与实践,2011,4:379-384.

[130] 王久龙.基于红外成像技术的埋地管道泄漏定位实验研究[D].大庆:大庆石油学院,2008.

[131] 曹玉璋,邱绪光.实验传热学[M].北京:国防工业出版社,1998.

[132] 高永卫.实验流体力学基础[M].西安:西安工业大学出版社,2002.

[133] 何文峰.数学建模理论在传热学中的应用[J].科技信息:科学教研,2007,16:34,38.

[134] 刘湘秋.常用压力容器手册[M].北京:机械工业出版社,2004.

[135] 张康达,洪起超.压力容器手册[M].北京:中国劳动社会保障出版社,2000.

[136] 黄廷林.水工艺设备基础[M].北京:中国建筑工业出版社,2002.

[137] 庞鑫峰.埋地供热管道泄漏三维大地温度场仿真计算[D].大庆:大庆石油学院,2006.

[138] 袁朝庆.热力管道泄漏光纤光栅检测技术研究[D].哈尔滨:中国地震局工程力学研究所,2008.

[139] 李培超,孔祥言,卢德唐.饱和多孔介质流固耦合渗流的数学模型[J].水动力学研

究与进展：A 辑，2003，18(4)：419-427.

[140] 冉启全，李士伦.流固耦合油藏数值模拟中物性参数动态模型研究[J].石油勘探与开发，1997，24(3)：61-67.

[141] KIM C,DANIELS J J. Monitoring water content in the porous medium with 4-D GPR：Physical model experiment [J]. Near Surface,2005,483-502.

[142] 刘建军，刘先贵.有效压力对低渗透多孔介质孔隙度、渗透率的影响[J].地质力学学报，2011，7(1)：41-45.

[143] FLETCHER C A J. Computational techniques for fluid dynamics[J]. Springer Verlag, Berlin,1990,2：157-159.

[144] 王曙光，赵国忠，余碧君.大庆油田油水相对渗透率统计规律及其应用[J].石油学报，2005，26(3)：78-83.

[145] 张继成，宋考平.相对渗透率特征曲线及其应用[J].石油学报，2007，28(4)：104-105.

[146] 能源部西安热工研究所.热工技术手册：第六册[M].北京：水利电力出版社，1989.

[147] SONG W K. Thermal transfer analysis of unpaved and paved freezing soil media including buried pipelines [J]. Taylor and Francis Inc,2005,48 (6) ：567-582.

[148] GROSS W. Quality control of heat pipelines and sleeve joints by infrared measurements [J]. Proceedings of SPIE,1999,3700：63-69.

[149] 计兴国，王为民，耿德江.埋地管道土壤温度场的数值模拟[J].内蒙古石油化工，2010，15：49-51.

[150] 吴峰，肖磊，张志军.埋地管道同沟敷设非稳态传热数值模拟[J].油气储运，2010，29(7)：524-527.

[151] 费业泰.误差理论与数据处理[M].5 版.北京：机械工业出版社，2005.

[152] 杨旭武.实验误差原理与数据处理[M].北京：科学出版社，2009.

名词索引